Bezugsbedingungen:

Preis des Heftes 1 bis 112 je 1 Mk,
zu beziehen durch Julius Springer, Berlin W. 9, Linkstr. 23/24;
für Lehrer und Schüler technischer Schulen 50 Pfg,
zu beziehen gegen Voreinsendung des Betrages vom Verein deutscher Ingenieure, Berlin N.W. 7
Charlottenstraße 43.
Von Heft 113 an sind die Preise entsprechend auf 2 $\mathcal{M}$ und 1 $\mathcal{M}$ erhöht.

Eine Zusammenstellung des Inhaltes der Hefte 1 bis 124 der Mitteilungen über Forschungsarbeiten zugleich mit einem Namen- und Sachverzeichnis wird auf Wunsch kostenfrei von der Redaktion der Zeitschrift des Vereines deutscher Ingenieure, Berlin N.W., Charlottenstr. 43, abgegeben.

Heft 125: **Wild**, Die Ursache der zusätzlichen Eisenverluste in umlaufenden glatten Ringankern. Beitrag zur Frage der drehenden Hysterese.

Heft 126: **Preuß**, Versuche über die Spannungsverminderung durch die Ausrundung scharfer Ecken.
    Preuß, Versuche über die Spannungsverteilung in Kranhaken.
    Preuß, Versuche über die Spannungsverteilung in gelochten Zugstäben.

Heft 127 und 128: **Schöttler**, Biegungsversuche mit gußeisernen Stäben.

Heft 129: **Gramberg**, Wirkungsweise u. Berechnung der Windkessel von Kolbenpumpen.

Heft 130: **Gröber**, Der Wärmeübergang von strömender Luft an Rohrwandungen.
    Poensgen, Ein technisches Verfahren zur Ermittlung der Wärmeleitfähigkeit plattenförmiger Stoffe.

Heft 131: **Blasius**, Das Aehnlichkeitsgesetz bei Reibungsvorgängen in Flüssigkeiten.
    Baumann, Versuche über die Elastizität und Festigkeit von Bambus, Akazien-, Eschen- und Hikoryholz.

Heft 132: **Kammerer**, Versuche mit Riemen besonderer Art.

Heft 133: **Häußer**, Neue Versuche über die Stickstoffverbrennung in explodierenden Gasgemischen.
    Plank, Betrachtungen über dynamische Zugbeanspruchung.
    Plank, Das Verhalten des Querkontraktionskoeffizienten des Eisens bis zu sehr großen Dehnungen.

Heft 134: **Holm**, Untersuchungen über magnetische Hysteresis.
    Watzinger und **Nissen**, Versuche über die Druckänderungen in der Rohrleitung einer Francis-Turbinenanlage bei Belastungsänderungen.
    Preuß, Versuche über die Spannungsverteilung in gekerbten Zugstäben.

Heft 135 und 136: **Baumann**, 30 Kesselbleche mit Rißbildung.

Heft 137: **Riehm**, Ueber die experimentelle Bestimmung des Ungleichförmigkeitsgrades.
    Wieselsberger, Ueber die statische Längsstabilität der Drachenflugzeuge.

Literarische Unternehmungen d. Vereines deutscher Ingenieure:

ZEITSCHRIFT

DES

VEREINES DEUTSCHER INGENIEURE.

Redakteur: D. Meyer.

Berlin N.W., Charlottenstraße 43

Geschäftstunden 9 bis 4 Uhr.

Expedition und Kommissionsverlag: Julius Springer, Berlin W., Linkstr. 23/24.

Die Zeitschrift des Vereines deutscher Ingenieure erscheint wöchentlich Sonnabends. Je einmal im Monat liegt ihr die Zeitschrift „Technik und Wirtschaft" bei. Preis bei Bezug durch Buchhandel und Post 40 $\mathcal{M}$ jährlich; einzelne Nummern werden gegen Einsendung von je 1.30 $\mathcal{M}$ — nach dem Ausland von je 1.60 $\mathcal{M}$ — portofrei geliefert.

Den Einsendern von Ziffer-Anzeigen wird für Annahme und freie Zusendung einlaufender Angebote mindestens 1 $\mathcal{M}$ berechnet.
Schluß der Anzeigen-Annahme: Montag Vorm.; für Stellengesuche: Montag Abend 7 Uhr.

TECHNIK UND WIRTSCHAFT.

MONATSCHRIFT DES VEREINES DEUTSCHER INGENIEURE.

REDAKTEUR D. MEYER.

IN KOMMISSION BEI JULIUS SPRINGER BERLIN.

Die »Technik und Wirtschaft« liegt der ganzen Auflage der Zeitschrift des Vereines deutscher Ingenieure (Preis des Jahrgangs 40 $\mathcal{M}$) allmonatlich bei. Sie ist außerdem für 8 $\mathcal{M}$ für den Jahrgang durch alle Buchhandlungen und Postanstalten sowie durch die Verlagsbuchhandlung von Julius Springer zu beziehen.

Mitteilungen

über

Forschungsarbeiten

auf dem Gebiete des Ingenieurwesens

insbesondere aus den Laboratorien
der technischen Hochschulen

herausgegeben vom

Verein deutscher Ingenieure.

Heft 138.

———————•◦•———————

1913
Springer-Verlag Berlin Heidelberg GmbH

ISBN 978-3-662-01700-5   ISBN 978-3-662-01995-5 (eBook)
DOI 10.1007/978-3-662-01995-5

Inhalt.

Untersuchungen über die Strömungsvorgänge im Steigrohr eines Druckluft-Wasserhebers.

Von Dr.-Jng. **Kurt Hoefer.**

Einleitung.

Die Wirkungsweise der Druckluft-Wasserheber (in der Folge sei die kürzere, in der Praxis eingebürgerte Bezeichnung Mammutpumpe gewählt) ist bekanntlich folgende: Ein Rohr wird etwa zur Hälfte in den Brunnen eingetaucht, aus welchem das Wasser gefördert werden soll. Dem unteren Ende des Rohres wird vermittels eines sogenannten Fußstückes Druckluft zugeführt, so daß sich im Innern des Rohres ein Gemisch aus Wasser und Luft bildet, dessen spezifisches Gewicht geringer als dasjenige des Wassers ist. Das Wasser außerhalb des Rohres drückt daher das spezifisch leichtere Gemisch in die Höhe, bis durch Ueberfließen am oberen Ende des Rohres Förderung des Wassers eintritt.

Es ist mehrfach versucht worden, die Vorgänge in der Pumpe rechnerisch zu verfolgen und damit eine genaue Vorausberechnung des Druckluft-Wasserhebers zu ermöglichen. Die mit diesen Theorien gewonnenen Ergebnisse stimmen aber wenig befriedigend mit den Werten überein, die durch Versuche an ausgeführten Mammutpumpen gefunden worden sind. Bei näherer Durchsicht der angegebenen Berechnungsweisen und bei Beobachtung der Vorgänge, wie sie bei der Pumpe tatsächlich auftreten, kommt man zu dem Schluß, daß die Ursache für die Nichtübereinstimmung zwischen Rechnungs- und Messungswerten darin zu suchen ist, daß die Geschwindigkeit, mit der sich die Luft durch das Wasser hindurchbewegt, überhaupt nicht oder aber in ungenügender Weise berücksichtigt worden ist. Man kann bei einer arbeitenden Pumpe, bei der ein Teil des Steigrohres aus Glas besteht, deutlich erkennen, daß die Luft im Wasser in die Höhe steigt. Diese Geschwindigkeit der Luft in bezug auf das Wasser sei »Relativluftgeschwindigkeit« genannt.

Es seien im Folgenden die bisher aufgestellten Theorien insbesondere in bezug auf diese Geschwindigkeit kurz besprochen.

1) Die von H. Lorenz[1]) aufgestellte Theorie ist am elegantesten abgeleitet, er vernachlässigt aber die Relativluftgeschwindigkeit überhaupt. Er spricht dies nicht ausdrücklich aus; eine der zur Ableitung benutzten Gleichungen hat aber nur Gültigkeit, wenn die Relativluftgeschwindigkeit gleich null ist. Die Folge dieser Annahme ist ein Ergebnis, welches mit der Wirklichkeit durchaus nicht in Einklang steht. Er erhält nämlich für sehr geringe Beanspruchung der Pumpe Wirkungsgrade, die sich dem Werte 1 um so mehr nähern, je geringer die der Pumpe zugeführte Luftmenge ist. Tatsächlich findet aber bei

---

[1]) L.-N. 1 (= Literatur-Nachweis 1) S. 545.

sehr geringer Luftmenge überhaupt keine Förderung statt, da die Luft im Wasser in die Höhe steigt, ohne zu fördern, so daß der Wirkungsgrad dann gleich null und nicht nahezu gleich 1 wird.

2) Folke-Rasmussen[1]) setzt auf Grund einer nicht recht verständlichen Ableitung die Relativluftgeschwindigkeit

$$v_L = \sqrt{\,^3/_4 \,\frac{g}{0{,}25}\, \delta,}$$

worin δ den Durchmesser einer Luftblase bezeichnet. Abgesehen davon, daß, wie später gezeigt werden wird, dieser Wert von v_L nicht zutrifft, begeht Folke-Rasmussen den Fehler, daß er das bei der Pumpe vorhandene geringere spezifische Gewicht des Wasserluftgemisches und den dadurch bedingten geringeren Auftrieb nicht berücksichtigt. Im übrigen ist die Aufstellung seiner Theorie nicht streng mathematisch, und die Uebereinstimmung zwischen seinen Rechnungswerten und gemessenen Versuchswerten ist teilweise wenig befriedigend.

3) Darapsky und Schubert[2]) nehmen eine Schichtung von Wasser und Luft an, setzen also die Relativluftgeschwindigkeit gleich null. Im Widerspruch hiermit steht allerdings die Tatsache, daß sie einen Erfahrungskoeffizienten bestimmen, »welcher den Wirbeln und allen sonstigen wilden Bewegungen gerecht werden soll«. Die aufgestellte Theorie kann daher nicht zu richtigen Ergebnissen führen.

4) Auch W. Karbe[3]) vernachlässigt die Relativluftgeschwindigkeit, so daß nach seiner Berechnungsweise mit der Wirklichkeit übereinstimmende Ergebnisse nicht zu erwarten sind.

5) M. L. Jannin[4]) ermittelt auf Grund theoretischer Ueberlegung die Geschwindigkeit in Wasser aufsteigender Luftblasen und erhält den Wert

$$v_L = 3{,}61 \sqrt{\frac{\delta}{2}} \sqrt{\frac{\gamma_w - \gamma_L}{\gamma_w}},$$

wenn δ den Durchmesser der Luftblase in mm, γ_w das spezifische Gewicht des Wassers und γ_L das spezifische Gewicht der Luft bezeichnet. Da nun diese Geschwindigkeit von dem Widerstande abhängt, welchen das Wasser der Bewegung der Luftblase entgegensetzt, und es nicht möglich ist, Widerstandzahlen auf theoretischem Wege abzuleiten, so folgt allein schon hieraus, daß der oben angegebene Wert nicht richtig sein kann. Jannin glaubt, sein Ergebnis bestätigt zu sehen durch Versuche, welche M. Brillé ausgeführt hat, und welche den Wert

$$v_L = 3{,}33 \sqrt{\frac{\delta}{2}} \sqrt{\frac{\gamma_w - \gamma_L}{\gamma_w}}$$

liefern. Eine Beschreibung dieser Versuche hat Verfasser in der Literatur nicht finden können. Es ist daher nicht ohne weiteres ein Urteil darüber möglich, ob diese Versuche auf Genauigkeit Anspruch machen können oder nicht. Es sei indessen gleich hier erwähnt, daß die umfangreichen Versuche des Verfassers einen ganz anderen Wert ergeben haben. Vorausgesetzt selbst, daß obiger Wert von v_L richtig ist, kann Jannin zu einer richtigen Berechnung der Mammutpumpe nicht gelangen, da er denselben Fehler begeht wie Folke-Rasmussen. Er beachtet nämlich ebenfalls nicht, daß im Steigrohr der Pumpe ein

---

[1]) L.-N. 2 S. 550.
[2]) L.-N. 3 S. 2062 und 2064.
[3]) L.-N. 4 S. 351 und 352.
[4]) L.-N. 5 S. 442.

geringeres spezifisches Gewicht als dasjenige des Wassers vorhanden ist, und daß er wegen des geringeren Auftriebes kleinere Werte für v_L einführen müßte.

6) Die von A. Perényi[1]) aufgestellte Theorie ist wenig klar, für praktische Bedürfnisse nicht einfach genug und in manchen Punkten anfechtbar. Bezüglich der Relativluftgeschwindigkeit ist in der Theorie ein innerer Widerspruch vorhanden; ein Teil derselben setzt ihr Vorhandensein voraus, anderes dagegen ist nur richtig, wenn man annimmt, daß die Relativluftgeschwindigkeit gleich null ist. Es würde zu weit führen, hierauf näher einzugehen. Daß seine Annahmen nicht richtig sein können, ergibt sich aus Folgendem: Perényi rechnet aus, daß bei einer Förderhöhe von $F = 23{,}1$ m die Eintauchtiefe mindestens $E = 10$ m sein müsse. Tatsächlich hat nach den Angaben von W. Karbe[2]) eine Mammutpumpe bei einer Eintauchtiefe von $E = 6{,}83$ m und einer Förderhöhe von $F = 22{,}05$ m anstandslos gearbeitet.

Die obige kurze Zusammenstellung der bisher aufgestellten Theorien zeigt, daß die Relativluftgeschwindigkeit entweder vernachlässigt oder in nicht richtiger Weise in die Rechnung eingeführt worden ist. Die Ergebnisse dieser Theorien können also den tatsächlichen Verhältnissen nicht entsprechen. Will man Uebereinstimmung zwischen Theorie und Praxis haben, so ist die Frage zu beantworten, wie groß die Relativluftgeschwindigkeit tatsächlich bei der Pumpe ist, und daher hat es Verfasser unternommen, diese Geschwindigkeit durch Versuche zu ermitteln und in Anlehnung an die Ergebnisse der Versuche eine neue Berechnungsweise der Mammutpumpe aufzustellen.

Die Ermittlungen sollen von vornherein auf Wasser, und zwar auf solches von gewöhnlicher Temperatur beschränkt werden, und es sei die weitere Einschränkung gemacht, daß das Steigrohr der Pumpe in allen Höhen gleichen Durchmesser haben soll.

Sämtliche Versuche wurden im Maschinenbaulaboratorium der Technischen Hochschule Berlin ausgeführt.

I. Abschnitt.

Ermittlung der Geschwindigkeit einzelner im Wasser aufsteigender Luftblasen.

Es erschien zweckmäßig, zunächst zu untersuchen, wie groß die Geschwindigkeit einzelner im Wasser aufsteigender Luftblasen ist, um den Einfluß des Durchmessers δ der Luftblase und den Einfluß des Luftdruckes kennen zu lernen.

Theoretische Ableitung.

In dem Augenblicke, in welchem die Luftblase ihre Bewegung beginnt, ihre Geschwindigkeit also noch gleich null ist, wirkt auf die Luftblase einerseits der Auftrieb von der Größe $\frac{\pi}{6} \delta^3 \gamma_w$, anderseits das Eigengewicht $\frac{\pi}{6} \delta^3 \gamma_L$ (die Bezeichnungen sind dieselben wie vorher). Daher ist die Beschleunigung, welche die Luftblase im ersten Augenblicke ihres Emporsteigens erfährt,

$$p = \frac{\text{Kraft}}{\text{Masse}} = \frac{\frac{\pi}{6} \delta^3 (\gamma_w - \gamma_L)}{\frac{\pi}{6} \delta^3 \gamma_L \frac{1}{g}} \varpropto g \frac{\gamma_w}{\gamma_L},$$

wenn man γ_L gegen γ_w vernachlässigt.

---

[1]) L.-N. 6 S. 530.
[2]) L.-N. 4 S. 329.

Da $\gamma_w = 1000$ kg/cbm ist, wird bei $\gamma_L = 1{,}2$ kg/cbm $p = 8170$ m/sk², also sehr groß. Da die Geschwindigkeit, welche die Luftblase erreicht, in den meisten Fällen kleiner als 1 m/sk ist, so folgt, daß ein außerordentlich kleiner Bruchteil einer Sekunde vergeht, bis die Luftblase diese Geschwindigkeit angenommen hat. Man kann dies auch so aussprechen: die Geschwindigkeit der Luftblase ist in jedem Augenblicke so groß, daß Gleichgewicht zwischen dem Auftrieb, dem Eigengewicht der Blase und dem Widerstand besteht, den das Wasser der Bewegung der Luftblase entgegensetzt. Erfahrungsgemäß wächst der Widerstand eines in Bewegung befindlichen Körpers mit dem Quadrate der Geschwindigkeit. Bezeichnet daher O die Projektion der Oberfläche der Luftblase auf eine Ebene senkrecht zur Bewegungsrichtung und k eine Widerstandzahl, die den Widerstand in kg für 1 qm und 1 m/sk angibt, so ist der Gesamtwiderstand, den das Wasser der Bewegung entgegensetzt, $W = k\,O\,v_L{}^2$, und es muß sein

$$\frac{\pi}{6}\,\delta^3\,(\gamma_w - \gamma_L) = k\,O\,v_L{}^2 \quad \ldots \ldots \ldots \quad (1).$$

Nimmt man nun an, daß die Blase Kugelform besitzt, so ist

$$O = \delta^2\,\frac{\pi}{4}\,,$$

so daß Gl. (1) übergeht in

$$\frac{\pi}{6}\,\delta^3\,(\gamma_w - \gamma_L) = k\,\delta^2\,\frac{\pi}{4}\,v_L{}^2.$$

Hieraus erhält man

$$v_L = \sqrt{\frac{2}{3}\,\frac{1}{k}\,\delta\,(\gamma_w - \gamma_L)} = \text{konst.}\ \sqrt{\delta\,(\gamma_w - \gamma_L)} \quad \ldots \ldots \quad (2).$$

Diese Gleichung hat dieselbe Form, wie die von Jannin angegebene, und fast die gleiche Form, wie die von Folke-Rasmussen aufgestellte.

Gl. (2) besagt nun Folgendes:

1) In gleicher Entfernung vom Wasserspiegel bewegt sich eine größere Luftblase mit größerer Geschwindigkeit als eine kleinere.

2) Die Geschwindigkeit im Wasser aufsteigender Luftblasen nimmt wegen der Expansion der Luft und der Vergrößerung von δ stetig zu.

Beide Folgerungen treffen tatsächlich nicht zu, wie sich durch Versuche ergeben hat, welche angestellt wurden, um die Zahlenwerte der Geschwindigkeit v_L zu ermitteln. Die Ursache dieser Abweichung liegt zum Teil darin, daß die oben gemachte Annahme, die Luftblase habe Kugelform, nicht zutrifft. Eine weitere Ursache sei erst später bei der Besprechung der Versuchsergebnisse erwähnt.

Versuche.

Die Versuchsanordnung ist in Abb. 1 gezeigt. In ein mit Wasser gefülltes Glasrohr ragt von unten eine Düse hinein, die mit einem Druckluftbehälter in Verbindung steht, so daß aus der Düse kommende Luft im Wasser in die Höhe steigt. Die lichte Weite des Rohres wurde gleich der lichten Weite des Steigrohres einer im Laboratorium befindlichen Mammutpumpe gewählt, die ebenfalls für Versuche benutzt wurde. Der Abstand von der Mündung der Düse bis zum Wasserspiegel wurde genau gleich 1 m gemacht. Vom Wasser aus gelangt die Luft in einen Behälter, in welchem ein Ueberdruck erzeugt werden kann, wenn der Luftablaßhahn geschlossen wird. Bei den Versuchen mußten der Durchmesser der Luftblase, der Gegendruck über dem Wasser p_g und die Geschwindigkeit der Blase gemessen werden.

Einfluß des Durchmessers der Luftblase.

Bei der ersten Versuchsreihe wurde der Gegendruck immer gleich dem atmosphärischen gemacht, und es sollte der Einfluß von δ auf die Geschwindigkeit ermittelt werden.

Zur Messung des Blasendurchmessers wurde an der Düsenmündung ein Maßstab angebracht. In die Düse wurde kurz vor die Mündung ein fester Wattebausch gesteckt, der eine erhebliche Drosselung und damit ein sehr langsames Fließen der Luft zur Mündung der Düse verursacht. Durch geeignete Einstellung der Regulierhähne in der Luftleitung kann man erreichen, daß jede Luftblase an der Mündung der Düse langsam anwächst, so daß man den Durchmesser, welchen sie beim Beginne des Emporsteigens hat, genau beobachten kann. Die Blasen steigen dann in einem gleichmäßigen Abstande von rd. 10 cm taktmäßig in die Höhe. Vor dem Aufsteigen hat die Luftblase nahezu Kugelform, so daß eine Beobachtung von δ leicht möglich ist. Da die Form während der Bewegung, namentlich bei größerem Volumen der einzelnen Blase, erheblich von der Kugelform abweicht, so sei unter δ immer der Durchmesser einer Kugel verstanden, die der betreffenden Luftblase inhaltsgleich ist.

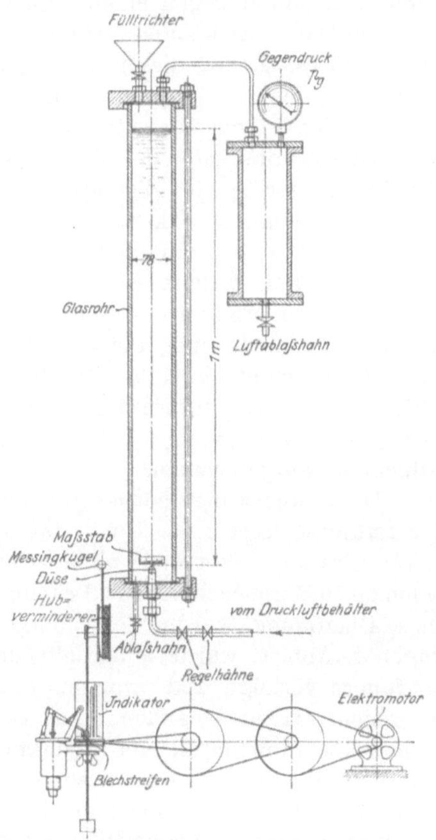

Abb. 1. Versuchsanordnung zur Bestimmung der Geschwindigkeit im Wasser aufsteigender Luftblasen.

Die Aenderung von δ kann durch Aenderung der Düsenbohrung erzielt werden. Die Abhängigkeit der Blasengröße von der Düsenbohrung zeigt Abb. 2. Man ersieht daraus, daß sich einzelne Luftblasen, deren Durchmesser größer als etwa 4,5 mm ist, nicht mit einer solchen Düse erzeugen lassen. Auch mit einer kegelig erweiterten Düse gelang es nicht, größere Blasen zu erzielen.

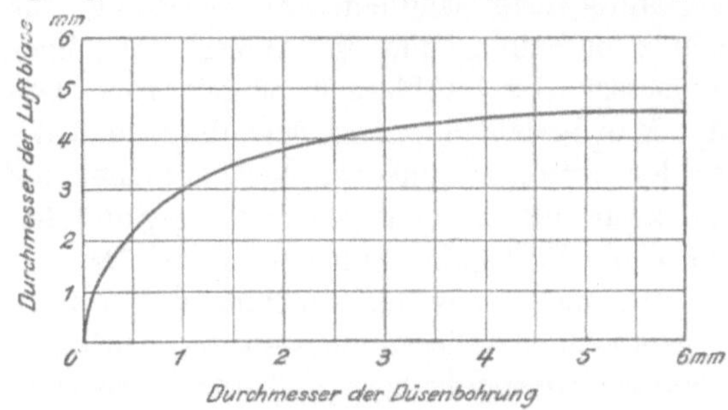

Abb. 2. Abhängigkeit der Größe der Luftblasen von der Düsenbohrung.

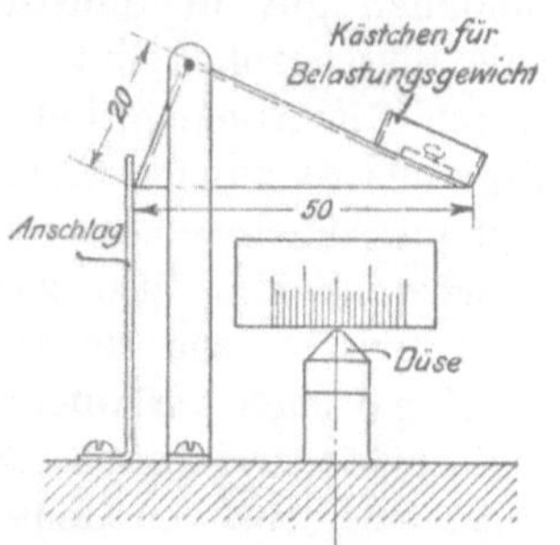

Abb. 3. Vorrichtung zur Erzeugung größerer Luftblasen von bekannter Größe.

Um auch für größere Luftblasen genaue Messungen zu erhalten, wurde die in Abb. 3 gezeigte Vorrichtung benutzt. Die aus der Düse austretenden kleinen Luftblasen von bekannter Größe sammeln sich in einem unten offenen Behälter, welcher drehbar gelagert ist. Die Drehachse liegt so, daß der Behälter nach unten gegen einen Anschlag sinkt, wenn keine Luft vorhanden ist. Bei einer ganz bestimmten Luftmenge überwindet der Auftrieb das Eigengewicht des Behälters, so daß dieser hochkippt und die Luftblase aufsteigt. Die Luftmenge, die hierzu nötig ist, kann aus der Anzahl der kleinen Luftblasen, die durch Zählen festzustellen ist, und ihrem Durchmesser berechnet werden. In ein Kästchen oberhalb des Behälters können kleine Gewichte gelegt werden, die eine Aenderung des Eigengewichtes und damit eine Aenderung der erforderlichen Luftmenge bewirken.

Um die Geschwindigkeit der Luftblasen zu ermitteln, mußte die Zeit gemessen werden, welche sie benötigen, um den Weg von 1 m zurückzulegen. Diese Messung erfolgte einerseits mit Hülfe der Stoppuhr. Da die zu messenden Zeiten sehr kurz sind, etwa 3 bis 4 Sekunden bei mittlerer Blasengröße, so kann die Genauigkeit einer Einzelmessung nicht groß sein. Daher wurden im allgemeinen je 10 Zeitmessungen hintereinander ausgeführt, und nur die Mittelwerte dieser Messungen wurden — von einigen Ausnahmen abgesehen — in die Zahlentafel aufgenommen.

Die Zeitmessung liefert nur einen Wert für die mittlere Geschwindigkeit der Luftblase über 1 m. Um festzustellen, ob sich die Geschwindigkeit während dieser Strecke ändert oder nicht, wurden außerdem Zeit-Weg-Diagramme aufgenommen, die gleichzeitig zur Prüfung der unmittelbaren Zeitmessungen dienten. Diese Diagramme wurden folgendermaßen gewonnen: mit einer kleinen Messingkugel, s. Abb. 1, wurde außerhalb des Glasrohres die Bewegung der Luftblase im Innern verfolgt, und zwar so, daß sich Luftblase und Messingkugel immer in gleicher Höhe befanden. Die Bewegung der Messingkugel wird in senkrechter Richtung durch eine Reduktionstrommel auf den Schreibstift eines Indikators übertragen, so daß dieser proportional der Bewegung der Luftblase angehoben wird. Die Trommel des Indikators wurde durch einen kleinen Elektromotor in langsame gleichmäßige Umdrehung gebracht, so daß der Schreibstift ein Zeit-Weg-Diagramm aufzeichnet.

Kurz vor und kurz nach Aufnahme eines Diagrammes wurde die Umfangsgeschwindigkeit der Trommel mit Hülfe der Stoppuhr festgestellt, so daß auch aus den Diagrammen die Zeit ermittelt werden konnte.

In Zahlentafel 1 sind die Ergebnisse der ersten Versuchsreihe bei veränderlicher Blasengröße und unveränderlichem Druck zusammengestellt. Man erkennt, daß die unmittelbaren Zeitmessungen mit den aus dem Diagramm gefundenen gut übereinstimmen. Die Mittelwerte sämtlicher Zeitmessungen für jede Blasengröße sind in Zahlentafel 2 enthalten, und in Abb. 4 sind diese Zeiten t in Abhängigkeit vom Durchmesser der Luftblase δ aufgetragen. Das Ergebnis ist zunächst überraschend. Man ersieht aus dem Schaubild, daß die Zeit mit zunehmendem Durchmesser der Luftblase zunächst stark abnimmt, die Geschwindigkeit also zunimmt, und zwar bis zu einem stark ausgeprägten Höchstwert. Von da ab nimmt die Geschwindigkeit langsam wieder ab bis zu einem flach verlaufenden Kleinstwert, um bei weiter zunehmendem Durchmesser wieder langsam aber stetig zuzunehmen. Dieses merkwürdige Verhalten rührt einerseits von dem schon erwähnten Umstande her, daß die Blase nicht Kugelform besitzt, und zweitens von der Tatsache, daß die Bewegungsart der Luftblase eine Funktion ihrer Größe ist. Ist δ kleiner als 1,1 mm, so steigen

Zahlentafel 1.

Versuche zur Ermittlung der Geschwindigkeit im Wasser aufsteigender Luftblasen. Einfluß der Größe der Luftblasen.

Durchmesser der Luftblase δ (mm)	Zeit zum Zurücklegen von 1 m, unmittelbar gemessen (sk)	Bemerkungen
∞0,02	75,5 *	vollkommen geradlinige Bewegung.
∞0,05	65,0 *	
0,2	20,7 *	Das Zeichen * bedeutet Einzelmessung.
»	16,9 *	
»	22,5 *	
0,3	15,2 *	Alle übrigen unmittelbaren Zeitmessungen sind Mittelwerte aus je 10 Einzelmessungen.
»	16,1 *	
0,4	12,1 *	
»	12,2 *	
0,5	11,8 *	
»	10,8 *	
»	9,56	
0,6	7,0 *	
»	8,60	
»	8,84	
0,7	5,47	
»	5,52	
»	6,67	
0,8	4,93	
»	4,84	
»	5,17	
»	5,26	
»	7,20	
»	5,65	
0,9	4,72	
»	4,79	
0,95	3,85	
1,05	3,04	Die geradlinige Bewegung hört bei 0,55 m Höhe auf.
1,1	3,00	
»	3,01	
1,2	3,08	Desgl. bei 0,65 m Höhe.
»	3,14	
1,3	3,19	Die Blasen bewegen sich in regelmäßigen Schraubenlinien.
»	3,14	
»	3,34	

Durchmesser der Luftblase δ (mm)	Zeit zum Zurücklegen von 1 m, unmittelbar gemessen (sk)	Zeit für 1 m aus den Diagrammen (sk)	Bemerkungen
1,3	3,29		
»	3,26		
1,5	3,33		
»	3,33		
»	3,50		
»	3,35		
1,6	3,52		
»	3,54		
»	3,71		
»	3,72		mittlere Temperatur des Wassers bei allen Versuchen 18,2° C. atmosphärischer Gegendruck bei allen Versuchen.
»	3,71		
»	3,46		
»	3,52		
2,0	3,60		
»	3,67		
»	3,68		
»	3,62		
»	3,63		
»	3,67		
»	3,62		
»	3,61		
»	3,39		
»	3,43		
»	3,31		
2,1	3,41		
»	3,48		
»	3,40		
»	3,53		die Bewegungen fangen an, unregelmäßig zu werden.
2,6	3,56		
»	3,45		
3,0	—	3,61	5 Diagramme
»	—	3,65	»
»	3,64		
»	3,74	3,74	»
»	3,58		

Durchmesser der Luftblase δ (mm)	Zeit zum Zurücklegen von 1 m, unmittelbar gemessen (sk)	Zeit für 1 m aus den Diagrammen (sk)	Bemerkungen
3,4	3,83	3,89	1 Diagramm
»	3,80		
»	3,75	3,73	3 Diagramme
»	3,72		
»	3,78	3,81	»
3,9	3,88	3,89	3 Diagramme
»	3,90		
»	3,90	3,98	1 Diagramm
»	4,02		
4,1	3,98		ganz unregelmäßige Bewegungen
4,2	3,92	3,99	1 Diagramm
»	3,96		
»	3,99		
4,4	4,11		
»	4,03		
5,5	4,07		
»	4,14		
9,8	4,00		
10,8	3,90		die Blasen haben Linsenform
»	3,97		
14,4	3,79		
16,7	3,60		
»	3,62		
18,2	3,58	3,65	3 Diagramme
18,4	3,58	3,55	»
23,5	3,29		die Blasen haben die Form einer Kugelkalotte
»	3,28		
»	3,30		
25,0	3,22	3,22	3 Diagr. Die Bewegung ist wieder vollkommen geradlinig
»	3,21		
29,2	2,99	3,05	3 Diagr.
»	3,04		

Zahlentafel 2.

Versuche zur Ermittlung der Geschwindigkeit im Wasser aufsteigender
Luftblasen. Mittelwerte der Ergebnisse.

Durchmesser der Luftblase δ	Zeit zum Zurücklegen von 1 m (Mittelwerte) t	Durchmesser der Luftblase δ	Zeit zum Zurücklegen von 1 m (Mittelwerte) t	Durchmesser der Luftblase δ	Zeit zum Zurücklegen von 1 m (Mittelwerte) t
mm	sk	mm	sk	mm	sk
∞0,02	75,5	1,1	3,01	4,2	3,96
∞0,05	65,0	1,2	3,11	4,4	4,07
0,2	20,0	1,3	3,25	5,5	4,10
0,3	15,7	1,5	3,38	9,8	4,00
0,4	12,15	1,6	3,59	10,8	3,93
0,5	9,85	2,0	3,57	14,4	3,79
0,6	8,65	2,1	3,46	16,7	3,61
0,7	6,47	2,6	3,51	18,2	3,58
0,8	5,78	3,0	3,66	18,4	3,58
0,9	4,75	3,4	3,78	23,5	3,29
0,95	3,85	3,9	3,92	25,0	3,22
1,05	3,04	4,1	3,98	29,2	3,01

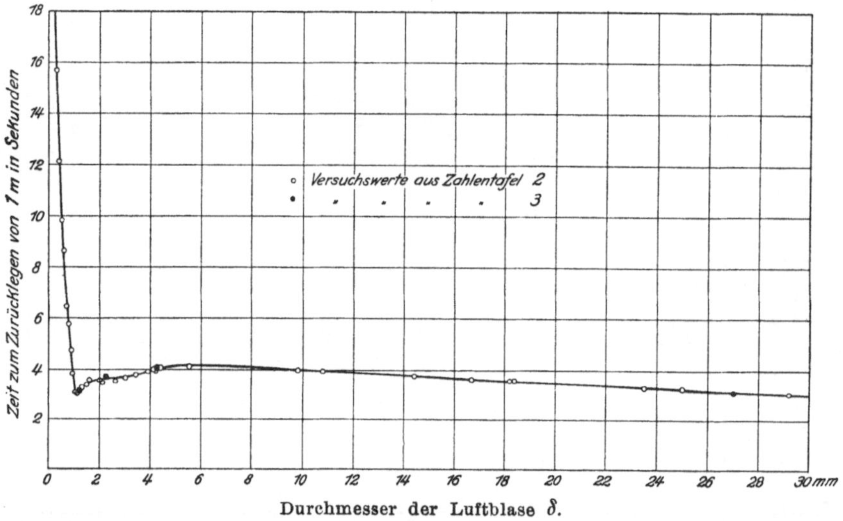

Abb. 4. Abhängigkeit der Aufstiegzeit vom Durchmesser der Luftblase bei atmosphärischem
Gegendruck.

die Luftblasen vollkommen geradlinig in die Höhe. Werden sie durch irgend
ein Hindernis aus ihrer Bahn abgelenkt, so kehren sie nach wenigen kurzen
Schwingungen wieder in eine geradlinige Bahn zurück. Sobald aber der
Durchmesser nur wenig größer als rd. 1,1 mm wird, hört die geradlinige Bewegung plötzlich auf, und zwar beschreibt dann die Luftblase bei ihrer Auf-
wärtsbewegung vollkommen regelmäßige Schraubenlinien. Der Uebergang von der
einen in die andere Bewegungsart konnte mehrfach beobachtet werden (vergl.
Zahlentafel 1). Es handelte sich nun darum, die Geschwindigkeit in senkrechter
Richtung festzustellen, und diese muß naturgemäß bei der Schraubenbewegung
kleiner sein als bei der geradlinigen, da der Gesamtweg, den die Blase zurück-
legt, bedeutend größer wird. Die Zahl der Schraubenlinien, welche auf einen
Weg von 1 m entfallen, beträgt etwa 16, der Durchmesser ist etwa 8 mm.

Bei einem Durchmesser der Luftblase von etwa 3 mm fangen die Schraubenlinien an, unregelmäßig zu werden, und gleichzeitig weicht die Form der Blase immer mehr von der Kugelform ab; die Blase wird durch den Widerstand, den das Wasser ihrer Bewegung entgegensetzt, plattgedrückt, und zwar so, daß der wagerechte Durchmesser der Blase größer als ihre Höhe wird. Bei $\delta = 4$ bis 5 mm bewegen sich die Luftblasen vollkommen unregelmäßig und nehmen etwa linsenförmige Gestalt an. Die Bewegung nähert sich dann wieder mehr der geradlinigen, so daß die Geschwindigkeit wieder anfängt zuzunehmen. Bei weiterem Anwachsen des Durchmessers nehmen die Blasen allmählich die Form einer Kugelkalotte an, deren wagerechter Durchmesser ein Vielfaches ihrer Höhe ist, die Bewegung nähert sich immer mehr der geradlinigen, bis sie etwa bei $\delta = 15$ mm wieder vollkommen geradlinig ist.

Es wurde ferner beobachtet, daß größere Luftblasen von 20 mm Dmr. und mehr genau in der Mitte des Rohres in die Höhe steigen, von den Wandungen also überall gleichen Abstand haben. Ein Anschmiegen großer Luftblasen an die Rohrwand, wie es von Darapsky und Schubert sowie von Karbe bei Aufstellung ihrer Theorien angenommen wird, ist also nicht zu erwarten.

Die in Zahlentafel 2 und in Abb. 4 enthaltenen Zeiten können nun nicht unmittelbar zur Ermittlung der Geschwindigkeit benutzt werden, da sie nur ein Maß für die mittlere Geschwindigkeit bilden. Die aufgenommenen Diagramme, von denen einige in Abb. 5 und 6 gezeigt sind, ergeben nun, daß im Anfange der Bewegung die Geschwindigkeit größer ist als im Mittel. Etwa während der ersten 10 cm des Weges nimmt die Geschwindigkeit ab und bleibt von da ab unverändert. Daß die Geschwindigkeit anfangs größer ist, rührt davon her, daß bei den kleineren Blasen die Bewegung zuerst geradlinig ist und erst nach rd. 10 cm in die schraubenförmige übergeht. Bei den größeren Luftblasen ist ihre Form beim Beginne der Bewegung spitzer, so daß die Geschwindigkeit größer ist als bei der flachen Form, welche die Blase nach rd. 10 cm Weg annimmt. Die Geschwindigkeit, welche ermittelt werden soll, ist diejenige, welche die Luftblase im Beharrungszustande hat. Wäre die Blase während der ganzen Strecke von 1 m mit dieser Geschwindigkeit aufgestiegen, so hätte sie eine Zeit t' gebraucht, welche größer als die gemessene Zeit t ist. Man erhält diese Zeit t', wenn man den geradlinigen Ast der Zeit-Weg-Diagramme nach rückwärts verlängert, s. Abb. 5 und 6. Aus sämtlichen aufgenommenen Diagrammen ergibt sich im Mittel $t' = 1{,}03\ t$, so daß sich hieraus die Geschwindigkeit der Luftblase im Beharrungszustand $v_L = \dfrac{1}{t'} = \dfrac{1}{1{,}03\ t}$ ergibt. Die aus der Kurve in Abb. 4 sich ergebenden Werte von v_L sind in Abb. 7 in Abhängigkeit vom Durchmesser aufgetragen.

Für den aufsteigenden Ast der Kurve gilt angenähert

$$v_L = 0{,}275\ \delta^{1{,}4}\ \text{m/sk für}\ \delta \leqq 1{,}1\ \text{mm}\ (\delta\ \text{in mm}) \ . \ . \ . \ . \ (3),$$

und für den weiteren Verlauf läßt sich die Beziehung zwischen v_L und δ mit sehr guter Annäherung wiedergeben durch

$$v_L = \frac{1}{\delta} + 0{,}0379\ \delta^{0{,}6}\ \text{m/sk für}\ \delta \geqq 15\ \text{mm}\ (\delta\ \text{in mm}) \ . \ . \ . \ (4).$$

Es ist jedoch anzunehmen, daß Gl. (4) nur für ein Rohr von rd. 80 mm l. W. Gültigkeit hat, da v_L in gewissen Grenzen auch von der Weite des Behälters, in welchem sich das Wasser befindet, abhängen dürfte.

Für $1{,}1\ \text{mm} < \delta < 15\ \text{mm}$ läßt sich eine einfache mathematische Beziehung zwischen δ und v_L überhaupt nicht angeben. Man sieht, daß nicht die geringste

Aehnlichkeit zwischen den Gl. (3) und (4) und der Gl. (2), die auf theoretischem Wege gefunden wurde, besteht.

Abb. 5 und 6.   Zeit-Weg-Diagramme.

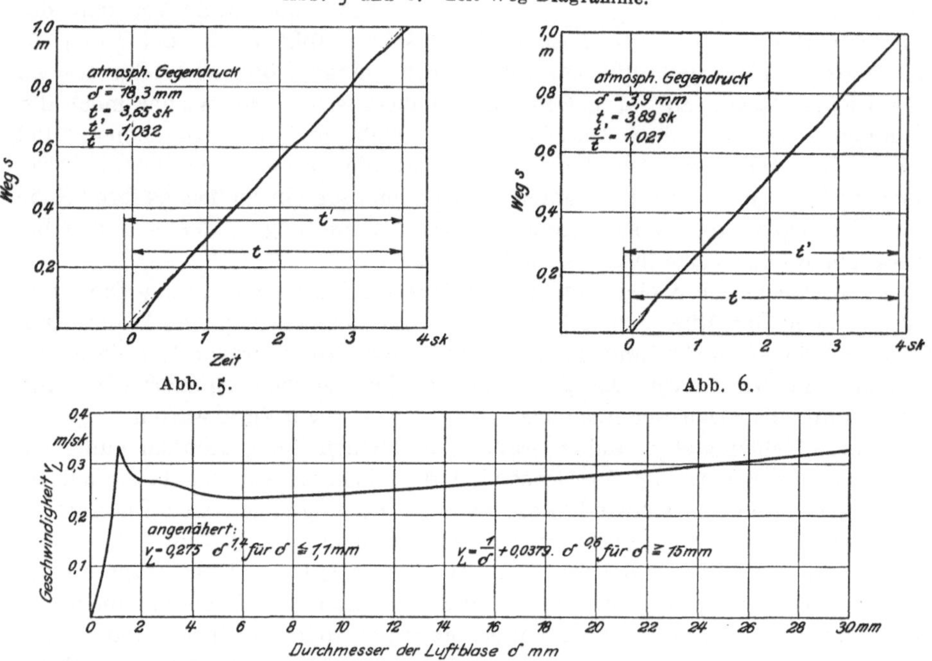

Abb. 5.   Abb. 6.

Abb. 7.   Abhängigkeit der Geschwindigkeit der Luftblasen von ihrem Durchmesser bei atmosphärischem Gegendruck.

Einfluß des Druckes der Luft.

In der zweiten Versuchsreihe wurde bei gleichbleibender Blasengröße der Gegendruck über dem Wasser gesteigert. Dies geschieht, indem man nach Schließen des Luftablaßhahnes, s. Abb. 1, Luft durch die Düse treten läßt, bis der gewünschte Druck p_g erreicht ist.

Es ist zu erwarten, daß eine merkbare Verschiedenheit der Geschwindigkeit bei höherem Druck gegenüber derjenigen bei atmosphärischem Druck nicht vorhanden ist. Hierauf deutet auch der Verlauf der Kurven in den Zeit-Weg-Diagrammen hin. Die Versuche bestätigen dies vollkommen, s. Zahlentafel 3. Die Messungen wurden bei vier verschiedenen Blasengrößen ausgeführt. Bei dem kleinsten Durchmesser war die Bewegung auf der Hälfte des Weges geradlinig, dann schraubenförmig, bei $\delta = 2{,}23$ mm war die Bewegung schraubenförmig, bei $\delta = 4{,}26$ mm unregelmäßig und bei $\delta = 27$ mm wieder geradlinig. Der Nachweis ist also für alle verschiedenen Bewegungsarten geführt worden. Der Druck wurde teilweise bis auf rd. 1,3 at Ueberdruck gesteigert entsprechend einer Eintauchtiefe von 13 m, wie sie etwa bei der untersuchten Mammutpumpe vorhanden ist.

Auch bei dieser Versuchsreihe ist sehr gute Uebereinstimmung zwischen unmittelbaren und mittelbaren Zeitmessungen vor-

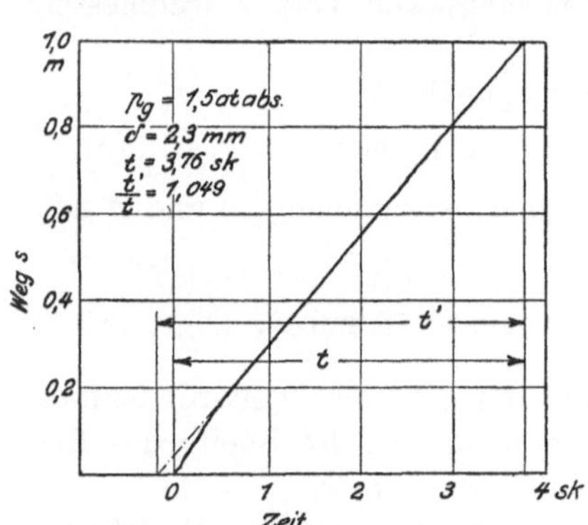

Abb. 8. Zeit-Weg-Diagramm bei erhöhtem Gegendruck.

Zahlentafel 3.

Versuche zur Ermittlung der Geschwindigkeit in Wasser aufsteigender Luftblasen.
Einfluß des Druckes der Luft.

Gegendruck über dem Wasser p_g	Durchmesser der Luftblase δ	Zeit zum Zurücklegen von 1 m, unmittelbar gemessen	Zeit für 1 m aus dem Diagramm	Zeit für 1 m Mittelwert t	Gegendruck über dem Wasser p_g	Durchmesser der Luftblase δ	Zeit zum Zurücklegen von 1 m, unmittelbar gemessen	Zeit für 1 m aus dem Diagramm	Zeit für 1 m Mittelwert t
at abs.	mm	sk	sk	sk	at abs.	mm	sk	sk	sk
1,04	1,2	3,11			1,2	4,3	4,03	4,04	
»	»	3,06		3,08	»	»	3,97	4,10	4,04
1,05	»	3,11			1,4	4,2	4,08	4,13	
»	»	3,19		3,15	»	4,3	4,06	4,09	4,09
1,1	»	3,10			1,6	»	4,09	3,98	
»	»	3,12		3,11	»	»	4,07	(4,25)	4,04
1,2	»	3,14	3,07		1,8	»	4,09	3,94	
»	»	3,17	3,13	3,13	»	»	4,08	3,99	4,03
1,3	»	3,11			2,0	»	4,08	4,08	
»	»	3,18		3,14	»	»	4,12	4,12	4,10
1,4	»	3,11			2,2	4,2	4,01	4,01	
»	»	3,14		3,12	»	»	4,11	4,00	4,03
1,5	»	3,08			2,4	»	4,04	4,16	
»	»	3,14		3,11	»	»	4,04	4,02	4,08
1,6	»	3,11							
»	»	3,16		3,14					
1,7	»	3,12							
»	»	3,09		3,10					
Gesamtmittel	1,2			3,124	Gesamtmittel	4,26			4,061
1,03	2,2	3,75			1,2	27,0	3,14	3,08	
»	»	3,72		3,73	»	»	3,06	3,09	3,09
»	»	3,73			1,4	»	3,06	3,30	
1,1	»	3,72			»	»	3,09	2,87	3,08
»	»	3,70		3,71	1,6	»	3,08	3,15	
1,2	»	3,81			»	»	3,12	2,70	3,01
»	»	3,71		3,76	1,8	»	3,09	(2,54)	
1,3	»	3,79	3,78		»	»	—	3,02	3,05
»	»	3,72	3,68		2,0	»	3,11	2,99	
»	»	3,73		3,73	»	»	3,07	3,12	3,07
»	»	3,71			2,2	»	3,03	—	3,03
»	»	3,74							
1,4	2,3	3,75							
»	»	3,77		3,76					
1,5	»	3,73	3,76						
»	»	3,73	3,75	3,74					
1,6	»	3,72							
»	»	3,71		3,72					
Gesamtmittel	2,23			3,736	Gesamtmittel	27,0			3,081

handen. Ein bei dieser Versuchsreihe aufgenommenes Diagramm ist als Beispiel in Abb. 8 wiedergegeben. Die Mittelwerte der Zeitmessungen sind ebenfalls in Abb. 4 eingetragen worden. Die Uebereinstimmung mit den Messungen der ersten Versuchsreihe ist recht gut.

Da nachgewiesen worden ist, daß v_L vom Druck unabhängig ist, so gilt die Kurve in Abb. 7 für alle Drücke. Es ist nunmehr möglich, die Geschwindigkeit einer im Wasser aufsteigenden Luftblase in jedem Augenblicke anzugeben. Ist der Anfangsdurchmesser der Blase bekannt, so läßt sich der Durchmesser der Blase aus der Volumenvergrößerung bei abnehmendem Druck für jede Tiefe berechnen und aus Abb. 8 die zugehörige Geschwindigkeit entnehmen.

Man erkennt jetzt, daß die Geschwindigkeit während des Aufstieges entweder zunehmen oder abnehmen, oder anfangs zunehmen und dann abnehmen, oder endlich anfangs abnehmen und dann zunehmen kann. Dehnt sich z. B. eine Luftblase beim Aufstieg so aus, daß ihr Durchmesser von 1 mm auf 1,5 mm zunimmt, so nimmt ihre Geschwindigkeit, von 0,29 m/sk anfangend, bis auf 0,335 m/sk zu und dann bis auf 0,285 m/sk ab.

Bei den beschriebenen Versuchen konnte noch eine Reihe anderer wertvoller Beobachtungen gemacht werden. Da diese jedoch mehr physikalische Bedeutung haben, so sei auf ihre Wiedergabe hier verzichtet.

II. Abschnitt.

Versuche zur Ermittlung der Geschwindigkeit im Wasser aufsteigender Luft bei der Mammutpumpe.

So lehrreich die in Abschnitt I geschilderten Versuche auch sind, so können ihre Ergebnisse doch nicht ohne weiteres für die Mammutpumpe angewendet werden, da erstens, wie schon in der Einleitung erwähnt, im Steigrohr der Pumpe ein geringeres spezifisches Gewicht als das des Wassers vorhanden ist, und zweitens die Luft sich in viele Blasen von verschiedener Größe verteilt, die sich gegenseitig in ihrer Bewegung stören. Daher war es nötig, durch Versuche festzustellen, mit welcher Geschwindigkeit die Luft bei der Mammutpumpe im Wasser in die Höhe steigt. Die zu diesem Zwecke benutzte Versuchsanordnung ist schematisch in Abb. 9 sowie in Abb. 10 in Ansicht gezeigt.

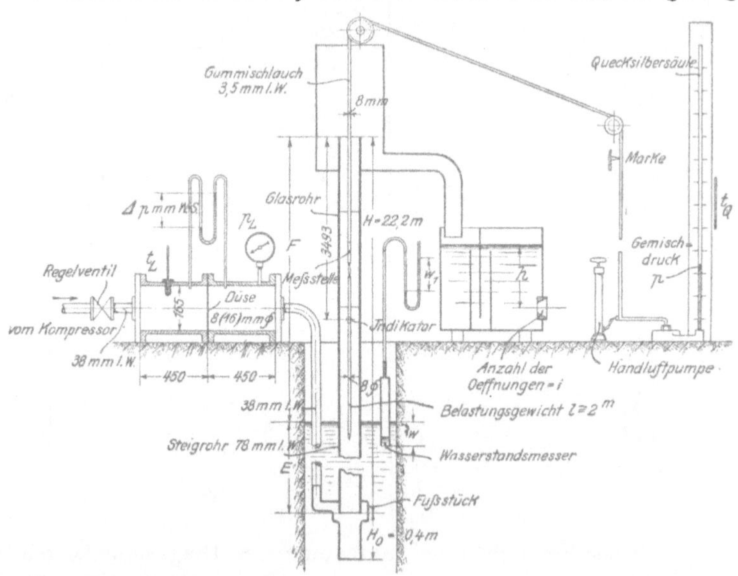

Abb. 9. Versuchsanordnung zur Untersuchung der Mammutpumpe.

Der Grundgedanke dieser Versuche besteht darin, der Pumpe so wenig Luft zuzuführen, daß keine Förderung von Wasser eintritt, und zu messen, wie sich der Druck des Gemisches im Steigrohr mit der Tiefe ändert. Es sei zunächst gezeigt, auf welche Weise dann die Luftgeschwindigkeit v_L ermittelt werden kann. Das spezifische Gewicht des Gemisches in irgend einer Höhe ist

$$\gamma = \frac{\text{Gewicht}}{\text{Volumen}} = \frac{f_w\,dh\,\gamma_w + f_L\,dh\,\gamma_L}{f\,dh} \qquad \cdots \cdots \quad (5),$$

wenn f_w den gleichbleibend gedachten Querschnitt bezeichnet, den das Wasser vom Gesamtquerschnitt f einnimmt, und f_L den Querschnitt, welchen die Luft einnimmt. Nun ist

$$f_L = \frac{G_L}{\gamma_L v_L} \quad \ldots \ldots \ldots \ldots \quad (6),$$

wenn G_L das der Pumpe sekundlich zugeführte Luftgewicht und γ_L das spezifische Gewicht der Luft an der betreffenden Stelle bedeutet. Da außerdem

$$f = f_w + f_L \quad \ldots \ldots \ldots \ldots \ldots \quad (7)$$

Abb. 10. Versuchsanordnung.

ist, so geht Gl. (5) mit Benutzung von Gl. (6) über in

$$\gamma = \frac{\left(f - \dfrac{G_L}{\gamma_L v_L}\right)\gamma_w + \dfrac{G_L}{v_L}}{f}.$$

Löst man diese Gleichung nach v_L auf, so erhält man

$$v_L = \frac{G_L}{f}\frac{\gamma_L}{\gamma_w - \gamma} \approx \frac{G_L}{f\gamma_L}\frac{\gamma_w}{\gamma_w - \gamma} \quad \ldots \ldots \ldots \quad (8),$$

da 1 gegenüber $\frac{\gamma_m}{\gamma_L}$ vernachlässigt werden kann. Mißt man nun das der Pumpe zugeführte Luftgewicht und den Druckverlauf in der Pumpe, d. h. mißt man in verschiedenen Tiefen h' den Gemischdruck p, so kann man aus der Kurve $p = f(h')$ das spezifische Gewicht γ des Gemisches ermitteln. Die Druckzunahme in zwei Schichten, die den senkrechten Abstand dh' voneinander haben, ist nämlich $dp = \gamma\,dh'$, und hieraus folgt $\gamma = \frac{dp}{dh}$, also gleich der Neigung der Kurve $p = f(h')$ an der betreffenden Stelle. Gleichzeitig kann aus dem Druck p und der Wassertemperatur das spezifische Gewicht der Luft γ_L berechnet werden, wenn man annimmt, daß die Temperatur der Luft nur unerheblich von de, Wassertemperatur abweicht.

Abmessungen der Pumpe.

Da die Steigrohrlänge der Pumpe nicht genau bekannt war, so mußte eine Nachmessung vorgenommen werden. Es war erwünscht, ein Herausnehmen der Pumpe zu vermeiden, und daher wurde das folgende Verfahren benutzt. Es wurde der Pumpe sehr wenig Luft zugeführt, so daß eine Förderung von Wasser nicht eintrat, und der Druck p_L gemessen, den die Luft vor Eintritt in die Pumpe hat, s. Abb. 9. Am Fußstück der Pumpe ist der Druck der Luft p_L' höher um einen Betrag h_s, welcher der Höhe der Luftsäule vom Manometer bis zum Fußstück entspricht, kleiner dagegen um den im Luftrohr entstehenden Reibungsverlust h_v, also

$$p_L' = p_L + h_s - h_v \quad \ldots \ldots \ldots \ldots \quad (9).$$

Dieser Druck p_L' muß aber genau der Höhe der Wassersäule von Unterkante Steigrohr bis zum Wasserspiegel entsprechen. Die Ablesung des Druckes p_L erfolgte mit Hülfe eines sehr empfindlichen, mehrfach geeichten Manometers welches die Schätzung von Tausendstel Atmosphären — entsprechend 1 cm Wassersäule — gestattete, h_s und h_v lassen sich berechnen. Mißt man weiter die Entfernung vom Wasserspiegel bis zur Oberkante des Steigrohres, so erhält man damit die Gesamtlänge des Steigrohres. Eine Reihe von Messungen ergaben die Werte

$$H = 22{,}197,\ 22{,}194 \qquad 22{,}210,\ 22{,}186.$$

Im Mittel wird also

$$H = 22{,}197 \text{ m} \infty 22{,}2 \text{ m}.$$

In ähnlicher Weise wurde die Länge des Fußstückes bestimmt. Es wurde der Pumpe Druckluft zugeführt und das obere Ende des Steigrohres zugehalten. Da die Spannung der Luft hierbei ansteigt, drückt die Luft das Wasser aus dem Fußstück heraus und entweicht am unteren Ende. Der Luftdruck steigt daher um einen Betrag, welcher der Höhe der Wassersäule von Unterkante Steigrohr bis Unterkante Fußstück entspricht. Auf diese Weise wurde die Länge des Fußstückes zu $H_0 = 0{,}4$ m bestimmt.

Messung der Eintauchtiefe.

Bei Vorversuchen ergab sich, daß der Wasserspiegel, namentlich bei Förderung von Wasser durch die Pumpe, dauernden, starken Schwankungen unterliegt. Daher war es nicht möglich, durch Herablassen eines Lotes bis zum Wasserspiegel die Eintauchtiefe genau zu messen. Um die Schwankungen des Wasserspiegels beobachten zu können, wurde ein unten offenes Rohr, welches am oberen Ende an eine Wassersäule angeschlossen ist, um eine gewisse Strecke w in das Wasser hineingelassen, s. Abb. 9. Damit ergibt sich an der Wassersäule ein Ausschlag w_1. Wird nun der Wasserstandmesser in einer bestimmten Lage befestigt, so hat ein Steigen des Wasserstandes (der Strecke w) ein Steigen des Druckes und damit einen vermehrten Ausschlag w_1 zur Folge und umgekehrt. Die Schwankungen des Wasserspiegels lassen sich also genau beobachten, und es ist damit möglich, den Mittelwert der Eintauchtiefe zu bestimmen. Den Zusammenhang zwischen w und w_1 findet man am einfachsten durch Eichung. Man erhält als Eichkurve eine Gerade, Abb. 11, w ist also w_1 proportional, was für die Beobachtung günstig ist. Bei den letzten Versuchen mußte ein anderer Wasserstandmesser benutzt werden, dessen Eichkurve ebenfalls in Abb. 11 eingetragen ist.

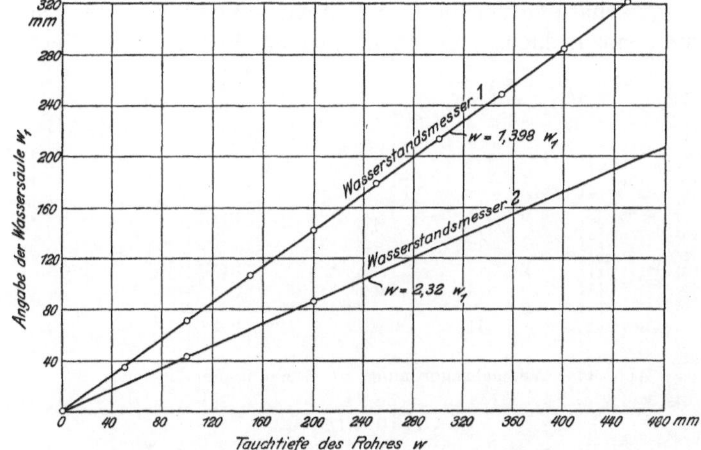

Abb. 11. Eichkurven der Wasserstandmesser.

Der Wasserstandmesser wurde auch bei Feststellung der Abmessungen der Pumpe angewendet, um die Entfernung vom Wasserspiegel bis Oberkante Steigrohr zu messen.

Messung der Luftmenge.

Um eine möglichst genaue Messung der der Pumpe zugeführten Luft zu ermöglichen, um insbesondere Fehler zu vermeiden, welche durch Undichtigkeiten in der Luftleitung zwischen Kompressor und Mammutpumpe entstehen können, wurde die Luftmessung mittels Düse (Drosselscheibe) gewählt. Als solche diente ein Blech von 2 mm Stärke, in welches ein Loch von 8 mm Dmr. gebohrt war. Das Blech wurde in ein gußeisernes Rohr von 165 mm l. W. eingesetzt, welches in die Luftleitung möglichst nahe der Pumpe eingeschaltet wurde. Zur Messung des Druckunterschiedes $\varDelta p$ vor und hinter der Düse diente eine Wassersäule.

Bezeichnet $\gamma_L{}^1$ das spezifische Gewicht der Luft, entsprechend dem Druck vor der Düse und F_D den Querschnitt der Düse, so ist bekanntlich bei kleinen Druckunterschieden das durchfließende Luftgewicht theoretisch

$$G_{th} = F_D \sqrt{2g\gamma_L{}^1 \varDelta p} \ \ldots \ldots \ldots \ldots \quad (10),$$

das wirklich ausfließende Gewicht dagegen

$$G_L = \mu G_{th} = \mu F_D \sqrt{2g\gamma_L{}^1 \varDelta p} \ \ldots \ldots \ldots \quad (11),$$

worin μ die Ausflußzahl bezeichnet. Nun ist

$$\gamma_L{}^1 = 1{,}293\,\frac{p_L{}^1}{1{,}033}\,\frac{273}{T_L}\,,$$

wenn man von der Luftfeuchtigkeit absieht. Setzt man diesen Wert in Gl. (10) ein, so erhält man mit dem Zahlenwert von F_D und unter Berücksichtigung der Dimensionen

$$G_{th}{}^{\text{g/sk}} = 129{,}9\,\sqrt{\frac{p_L\,\text{I at abs.}}{T_L{}^0\text{abs.}}\,\Delta p\,^{\text{m WS}}}\qquad \cdots\cdots\quad (12).$$

T_L ergibt sich aus der gemessenen Lufttemperatur t_L in ^{0}C.

Die Ausflußzahl μ wurde durch Eichung bestimmt. Die hierzu benutzte Versuchsanordnung zeigt Abb. 12. Zwischen Kompressor und Düse war ein Behälter geschaltet, um die durch die ungleichmäßige Förderung des Kompressors entstehenden Druckschwankungen nach Möglichkeit von der Düse fernzuhalten. Ein mit der Atmosphäre in Verbindung stehendes Ventil vor der Düse gestattet, den Ueberdruck einzustellen. In einem zweiten Ventil expandiert die durch

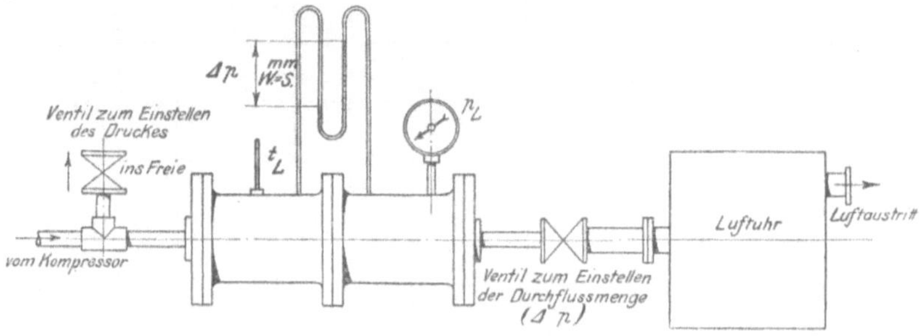

Abb. 12. Versuchsanordnung zur Eichung der Luftdüse.

Zahlentafel 4.

Eichung einer Düse für Luft von 8 mm Dmr.

tatsächlich durchfließendes Luftgewicht, mit der Luftuhr gemessen G_L	Druck vor der Düse p_{L_1}	Lufttemperatur t_L	Druckunterschied vor und hinter der Düse Δp	theoretisch ausfließendes Luftgewicht $G_{th} = 129{,}9\,\sqrt{\dfrac{p_{L_1}\,\Delta p}{T_L}}$	Ausflußzahl $\mu = \dfrac{G_L}{G_{th}}$
g/sk	at abs.	^{0}C	mm W.-S.	g/sk	
0,716	2,363	22,0	28,0	2,145	0,368
1,035	2,364	22,0	45,0	2,628	0,420
1,754	2,365	22,1	88,6	3,575	0,5075
2,455	2,375	22,3	136,0	4,295	0,572
3,275	2,376	22,3	198,8	5,200	0,630
0,606	2,342	19,9	22,7	1,749	0,347
1,107	2,350	20,0	46,9	2,520	0,440
2,014	2,357	20,3	107,5	3,840	0,528
2,740	2,369	20,4	157,0	4,640	0,593
3,390	2,371	20,5	210,8	5,370	0,633
0,606	2,452	16,2	21,6	1,760	0,344
1,156	2,452	17,0	48,6	2,635	0,439
1,941	2,461	18,4	93,5	3,650	0,532
2,704	2,468	19,7	148,4	4,600	0,588
3,346	2,469	20,0	198,5	5,310	0,630
0,596	1,029	16,4	27,8	1,339	0,461
0,848	1,030	18,7	41,0	1,600	0,544
1,087	1,039	18,1	54,7	1,780	0,599
1,620	1,037	16,7	107,7	2,550	0,636
2,300	1,047	17,0	205,9	3,544	0,649

die Düse geflossene Luft auf etwa Atmosphärendruck. Mit diesem Ventil kann die Durchflußmenge verändert werden. In einer anschließenden Luftuhr wird die Luftmenge gemessen. Die Luftuhr wurde mit Hülfe einer kleineren Luftuhr geeicht, die ihrerseits durch einen Kubizierapparat nach Junkers geprüft wurde. Es ergab sich, daß die kleine Luftuhr genau richtig zeigt, während die große Uhr 3,6 vH zu wenig angibt. Es wurde zunächst eine Versuchsreihe bei rd. 1,3 at Ueberdruck (entsprechend der Eintauchtiefe von rd. 13 m bei der Pumpe) ausgeführt, s. Zahlentafel 4, welche so niedrige Werte von μ für kleinere Werte von Δp ergab, daß die Vermutung nahe lag, es sei zwischen Düse und Luftuhr eine Undichtigkeit vorhanden. Daher wurden überall neue Dichtungen eingelegt, und es wurde die Versuchsreihe wiederholt. Wie man aus der Zahlentafel ersieht, ergab aber diese Versuchsreihe ebenso wie die folgende bei rd. 1,4 at Ueberdruck Werte von μ in derselben Größenordnung, so daß an der Richtigkeit der Messungen nicht mehr gezweifelt werden konnte.

Um ganz sicher zu gehen, wurde die ganze Rohrleitung mit Düse und Ventil unter Wasser abgedrückt, wobei nicht die geringste Undichtigkeit festgestellt werden konnte. A. O. Müller[1]) hat nun für ein Verhältnis von Düsendurchmesser zu Rohrleitungsdurchmesser, wie es hier vorliegt, den Wert $\mu = 0{,}6$ gefunden. Allerdings wurden seine Versuche bei atmosphärischem Druck ausgeführt, und außerdem benutzte er eine scharfkantige Düse, während hier eine zylindrische Bohrung vorliegt. Um zu vergleichen, wie sich die hier benutzte Düse bei atmosphärischem Druck verhält, wurde auch eine Versuchsreihe bei diesem Druck ausgeführt. Man ersieht aus den Kurven in Abb. 13, in die

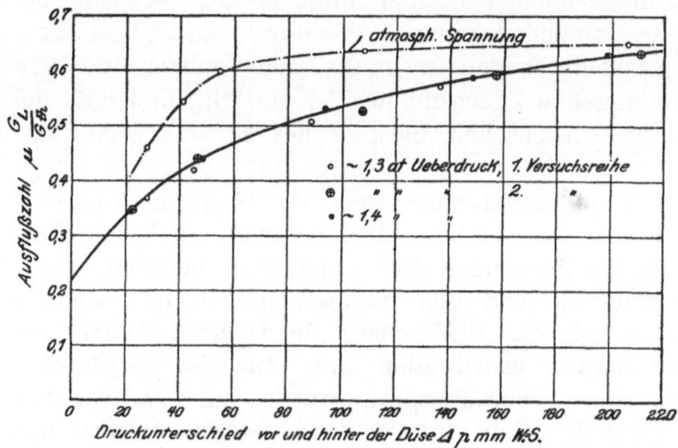

Abb. 13. Eichung einer Düse für Luft von 8 mm Durchmesser.

sämtliche Versuchswerte für diese Düse eingetragen sind, daß die Ausflußzahl bei atmosphärischem Druck allerdings erheblich abweichende Werte hat, aber auch bei diesem Druck ist μ nicht gleichbleibend, wie Müller es für größere scharfkantige Düsen gefunden hat. Da aber ein Fehler in der Messung wegen der getroffenen Vorsichtsmaßregeln ausgeschlossen ist, so muß es als erwiesen betrachtet werden, daß μ unter den vorliegenden Verhältnissen so verschiedene und teilweise so kleine Werte annehmen kann. Eine gewisse Bestätigung hierfür ist in der Angabe Müllers zu sehen, daß man für so kleine Düsen keine allgemein gültigen Ergebnisse erhalten könne. Worin in diesem Falle die Ursache für das merkwürdige Verhalten der Ausflußzahl liegt, wurde nicht untersucht, da eine solche Untersuchung nicht in den Rahmen dieser Arbeit gehört.

---

[1]) L.-N. 7.

Es sei indessen betont, daß diese Frage einer weiteren Klärung durch umfassende Versuche bedarf.

Obwohl bei der Mammutpumpe ein großer Windkessel von rd. 20 cbm Inhalt zwischen Kompressor und Pumpe geschaltet war, schwankte der Luftdruck vor der Pumpe, und auch der Druckunterschied vor und hinter der Düse war Schwankungen unterworfen. Diese Schwankungen rühren davon her, daß die Luft der Pumpe nicht gleichmäßig, sondern absatzweise zufließt. Die Schwankungen werden begünstigt, wenn der äußere Wasserspiegel sich hebt und senkt. Bei den Versuchen wurde ein gewisser Mittelwert von $\varDelta p$ beobachtet, der als Mittelwert der größten und kleinsten Ausschläge der Wassersäule anzusehen ist. Da aber das durchfließende Luftgewicht der Wurzel aus dem Druckunterschied proportional ist, ist es nicht richtig, mit dem beobachteten Werte von $\varDelta p$ zu rechnen, es muß vielmehr auf Grund der beobachteten Schwankungen von $\varDelta p$ der Mittelwert $\{(\sqrt{\varDelta p})_m\}^2$ bestimmt werden. Mit diesem Mittelwerte wurde bei allen Versuchen gerechnet.

Die Luftleitung zwischen Düse und Pumpe wurde geprüft und als dich befunden.

<h2 style="text-align:center">Messung des Druckverlaufes.</h2>

Um den Druck im Steigrohr der Pumpe zu messen, mußte von oben eine Meßvorrichtung in das Rohr eingeführt werden. Damit dies ohne Schwierigkeiten möglich war, wurde das Steigrohr oben wagerecht abgeschnitten und mit einem hohen, oben offenen Behälter umgeben, aus welchem (bei arbeitender Pumpe) das Wasser abfließen konnte. Hierdurch wird gleichzeitig der Vorteil erzielt, daß der sonst durch den Ausgußkrümmer entstehende Reibungsverlust, dessen Größe nur ungenau zu bestimmen ist, fortfällt, und daß nicht mehr wie beim Krümmer eine Unsicherheit darüber besteht, bis wohin die Förderhöhe zu rechnen ist.

Um den Druck an irgend einer Stelle des Steigrohres messen zu können, wurde ein Schlauch in das Steigrohr hinabgelassen, an dessen Ende ein kurzes Rohrstück mit radialen Bohrungen von 3 mm Dmr. befestigt war. Bei dieser Art der Messung mußte man den Nachteil mit in den Kauf nehmen, daß wegen der Dehnbarkeit des Schlauches die Höhenlage der Meßstelle nicht mit absoluter Genauigkeit festzustellen war. Um der hierdurch entstehenden Ungenauigkeit möglichst vorzubeugen, wurde ein starkwandiger Schlauch mit Stoffeinlage gewählt. Sein äußerer Durchmesser betrug 8 mm, die lichte Weite 3,5 mm. Der äußere Durchmesser wurde möglichst klein gewählt, um den Querschnitt des Steigrohres möglichst wenig durch den Schlauch zu verengen. Da der Schlauch den Querschnitt des Steigrohres in seiner ganzen Länge nur verengt, wenn er ganz herabgelassen ist, aber einen um so geringeren Teil des Steigrohres verengt, je weiter er herausgezogen wird, so wurde als Durchschnitt für alle Höhen die Hälfte des Schlauchquerschnittes von der lichten Weite des Rohres in Abzug gebracht. Da der innere Durchmesser des Rohres $d = 78$ mm beträgt, so ist der wirksame Querschnitt

$$f = 78^2\,\frac{\pi}{4} - {}^1\!/_2\,8^2\,\frac{\pi}{4} = 4750 \text{ qmm} = 0{,}00475 \text{ qm}.$$

Die Messung des Druckverlaufes mit dem Schlauch wurde auch bei anderen Versuchen, bei denen Förderung des Wassers stattfand, vorgenommen. Bei Vorversuchen hierzu stellte es sich heraus, daß der hereingelassene Schlauch um eine nicht unbedeutende Strecke herausgehoben wird, wenn die Geschwindigkeit des Wassers im Steigrohr groß genug ist. Daher wurde der Schlauch mit einem Belastungsgewicht versehen, welches ihn nach Möglichkeit straff ziehen sollte. Damit die Strömung des Wassers möglichst wenig behindert würde, wurde der Durchmesser dieses Gewichtes ebenfalls zu 8 mm gewählt, so daß sich bei einem Gewichte von nicht ganz 1 kg eine Länge von rd. 2 m ergab. Der Schlauch wurde mit einer Metereinteilung versehen in der Weise, daß die Meßstelle sich an der Oberkante des Steigrohres befand, wenn der Nullstrich des Schlauches auf eine feste Marke außerhalb des Rohres eingestellt war, s. Abb. 9.

Durch das angehängte Gewicht und durch das Eigengewicht des Schlauches wird eine Dehnung hervorgerufen, deren Größe aber auf einfache Weise festgestellt werden kann. Mit dem Schlauch wird ein gewisser Druckverlauf gemessen. Der Druck an der Unterkante des Steigrohres ist aber aus der Messung des Luftdruckes vor der Pumpe nach Gl. (9) genau bekannt. Somit kann man sagen, daß sich die Meßstelle des Schlauches bei diesem Druck genau an der Unterkante des Steigrohres befunden haben muß. Als Mittel aus allen Versuchen dieser Versuchsreihe wurde gefunden, daß sich der Schlauch bei einer Länge von 22 m um 330 mm gedehnt hatte. Hiervon entfallen rd. 200 mm auf das angehängte Gewicht, wie durch einen besonderen Versuch ermittelt wurde. Dieser Betrag von 200 mm ändert sich, wenn der Schlauch herausgezogen wird, einfach proportional der Länge. Der übrig bleibende Betrag von 130 mm, der vom Eigengewicht herrührt, ändert sich, wie sich auf theoretischem Wege zeigen läßt, mit dem Quadrate der Länge. Auf diese Weise kann für jede Schlauchlänge die zugehörige Dehnung berechnet und so bestimmt werden, in welcher Tiefe sich die Meßstelle bei einer bestimmten Einstellung nach der Skala am Schlauch befunden hat. Zu berücksichtigen war hierbei noch, daß auch die Nullstellung nicht genau richtig war, und zwar betrug bei diesen Versuchen der Fehler 175 mm.

Die Ablesung des Druckes erfolgte mit Hülfe einer Quecksilbersäule, an welche das untere Ende des Schlauches angeschlossen war. Da die Möglichkeit vorlag, daß die Druckmessung durch Eindringen von Wasser in den Schlauch gefälscht wurde, so wurde an die Verbindungsleitung zwischen Schlauch und Quecksilbersäule eine Handluftpumpe angeschlossen, mit der vor jeder Messung Luft in den Schlauch geblasen wurde, um etwa im Schlauch befindliches Wasser aus diesem zu entfernen.

Versuche.

Es wurden fünf Versuche ausgeführt, bei denen das sekundliche Luftgewicht G_L von etwa 0,06 bis auf 0,9 g gesteigert wurde. Die Dauer jedes Versuches betrug etwa eine Stunde, während welcher G_L möglichst unverändert gehalten wurde; der Gemischdruck wurde in Abständen von rd. 2 m gemessen. Bei jeder Ablesung des Gemischdruckes wurden der Luftdruck p_L, der Druckunterschied an der Düse, die Lufttemperatur und der Wasserstandsmesser zur Bestimmung der Eintauchtiefe abgelesen. In Zahlentafel 5 sind die Mittelwerte dieser Ablesungen sowie die Messungen des Gemischdruckes enthalten. Die zugehörigen Tiefen sind bereits berichtigt eingetragen, die Berichtigung erfolgte, wie oben angegeben. Außer der Eintauchtiefe E sind ferner diejenigen Höhen F', um welche sich das Gemisch über den Wasserspiegel erhoben hat, und die Werte $E : F'$ in die Zahlentafel aufgenommen. Endlich ist das mit Gl. (12) berechnete theoretische Luftgewicht und auf Grund der Ausflußzahl aus der Kurve in Abb. 13 das tatsächliche sekundliche Luftgewicht angegeben. Bei Ver-

2*

Zahlentafel 5.
Versuche zur Ermittlung der Geschwindigkeit in Wasser aufsteigender Luft bei der Mammutpumpe.

Luftdüse, 8 mm Dmr. . . . . . . Versuch Nr.		1	2	3	4	5
Datum des Versuches 1911		30. 10.	30. 10.	30. 10.	30. 10.	30. 10.
Druck vor der Luftdüse (Manometerablesung nach Eichung berichtigt) .	at Ueberdr.	1,370	1,372	1,368	1,365	1,370
Atmosphärendruck.	at abs.	1,040	1,040	1,042	1,043	1,039
Druck vor der Luftdüse p_{L_1}	»	2,410	2,412	2,410	2,408	2,409
Druckunterschied vor und hinter der Düse Δp	mm W.-S.	∞0,5	5,1	12,1	27,3	35,6
Temperatur der Luft t_L	°C	8,9	9,0	8,3	5,8	8,6
theor. Luftgewicht $G_{th} = 129{,}9 \sqrt{\dfrac{p_{L_1}}{T_1}}\,\Delta p$	g/sk	0,269	0,85	1,323	1,995	2,265
Ausflußzahl nach Kurve μ		0,225	0,253	0,295	0,371	0,402
sekundliches Luftgewicht $G_L = \mu\,G_{th}$.	»	0,0605	0,215	0,390	0,740	0,911
Eintauchtiefe E	m	13,75	13,75	13,75	13,65	13,72
Erhebung des Wasser-Luft-Gemisches über den Wasserspiegel F'	»	0,30	3,55	5,95	8,05	8,28
Verhältnis $E : F'$		45,9	3,58	2,31	1,70	1,66
Gemischdruck in einer Tiefe von h' m von Oberkante Steigrohr p . . .	at Ueberdr.					
	$h' = 26{,}59$	1,803	1,809	1,801	1,793	1,797
(Temperatur-Berichtigung der Queck-	24,54	1,607	1,609	1,610	1,599	1,602
silbersäule berücksichtigt)	22,50	1,405	1,406	1,411	1,400	1,401
	20,46	1,201	1,213	1,221	1,232	1,237
	18,42	1,001	1,050	1,071	1,071	1,097
	16,39	0,807	0,881	0,907	0,933	0,948
	14,35	0,606	0,708	0,752	0,790	0,795
	12,32	0,404	0,550	0,606	0,662	0,681
	10,29	0,204	0,389	0,456	0,548	0,548
	8,27	0	0,244	0,314	0,418	0,438
	6,23	—	0,095	0,204	0,309	0,314
	4,21	—	0	0,090	0,189	0,194
	2,18	—	—	0	0,085	0,105

such 1 war die Wassersäule zur Messung von Δp vollkommen ruhig, bei Versuch 2 schwankte sie um $\pm$ 0,5 mm, bei Versuch 3 um $\pm$ 1 mm, bei Versuch 4 um rd. $\pm$ 6 mm, und bei Versuch 5 betrug die Schwankung etwa $\pm$ 10 mm. Der Grundwasserspiegel schwankte bei den ersten beiden Versuchen nicht, bei den drei letzten Versuchen war die Schwankung geringfügig und betrug etwa 10 bis 20 mm.

In den Abb. 14 bis 17 sind nun für die einzelnen Versuche die Gemischdrücke p in Abhängigkeit von der Tiefe h' aufgetragen und aus den erhaltenen Kurven die spezifischen Gewichte des Gemisches für verschiedene Tiefen ermittelt worden. Da die Maßstäbe so gewählt sind, daß dieselbe Strecke 1 m Tiefe und 0,1 at darstellt, so ergibt sich für Wasser eine Gerade unter 45° (s. den Druckverlauf unterhalb des Fußstückes). Dem tangens von 45° = 1 entspricht also ein spez. Gewicht von 1000 kg/cbm. Die für einzelne Tiefen für γ erhaltenen Werte sind durch Kurven verbunden worden. Aus der Kurve $p = f(h')$ ergibt sich weiter der Verlauf des spezifischen Gewichtes der Luft γ_L für verschiedene Tiefen. Die Lufttemperatur wurde dabei gleich der Wassertemperatur angenommen. In Zahlentafel 6 sind für verschiedene Tiefen h' die aus den Kurven entnommenen Werte von γ und γ_L zusammengestellt, und daraus ist die Luftgeschwindigkeit v_L nach Gl. (8) berechnet worden. Mit Benutzung dieser Zahlenwerte sind in Abb. 14 bis 17 die Kurven $v_L = f(h')$ aufgetragen.

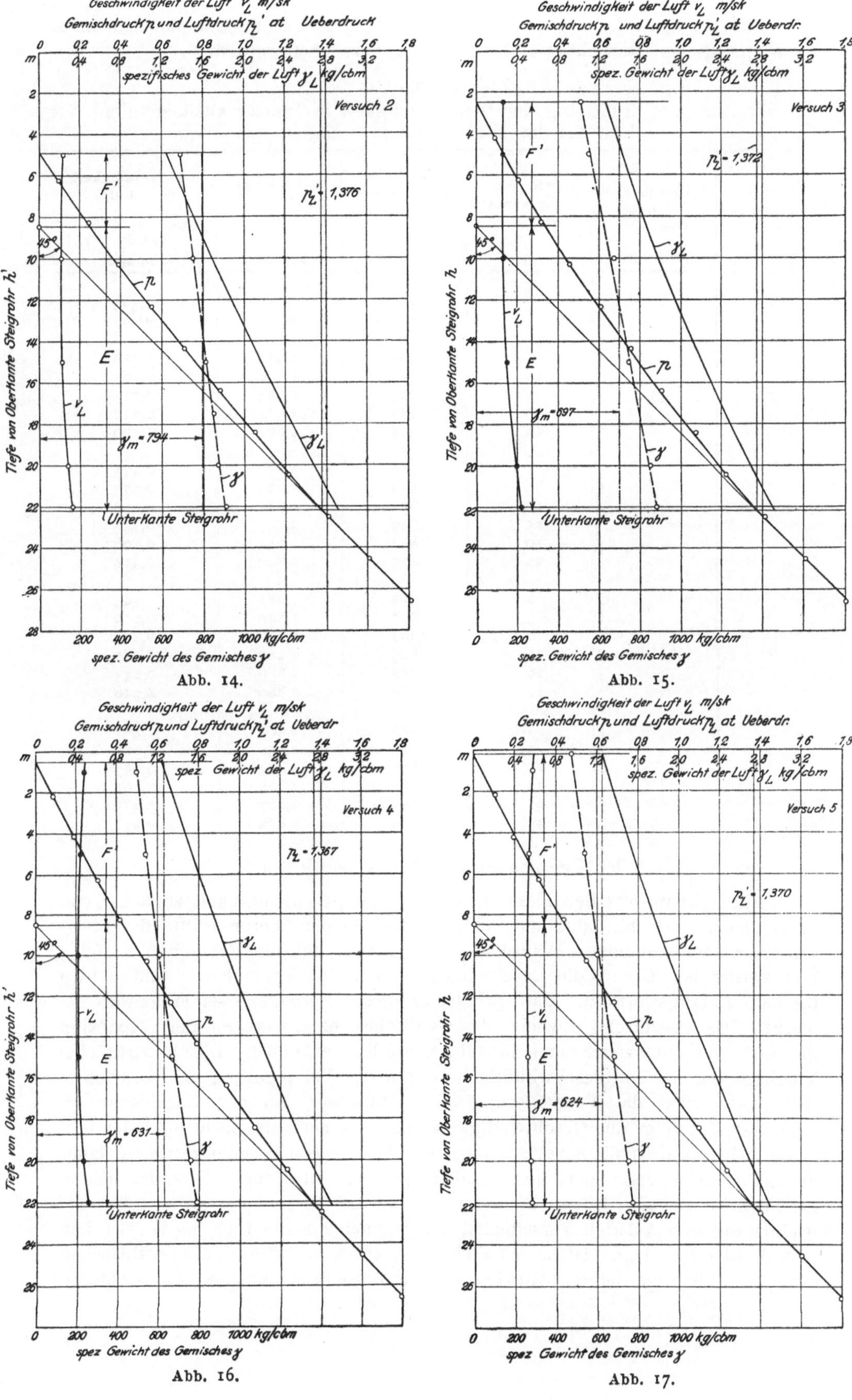

Abb. 14.

Abb. 15.

Abb. 16.

Abb. 17.

Für Versuch 1 konnte nur die mittlere Luftgeschwindigkeit aus dem mittleren spezifischen Gewicht des Gemisches γ_m berechnet werden.

Zahlentafel 6.
Versuche zur Ermittlung der Geschwindigkeit in Wasser aufsteigender Luft bei der Mammutpumpe. Ergebnisse.

Versuch Nr.	Konstante $c = \dfrac{G_L \gamma_w}{f}$	Tiefe von Oberkante Steigrohr h' m	spezifisches Gewicht des Gemisches aus Kurve γ kg/cbm	spezifisches Gewicht der Luft γ_L kg/cbm	Geschwindigkeit der Luft $v_L = \dfrac{c}{\gamma_L\,(\gamma_w - \gamma)}$ m/sk
1	12,73	—	980 (Mittel)	2,10 (Mittel)	0,303 (Mittel)
2	45,2	5	690	1,253	0,116
		10	750	1,692	0,107
		15	815	2,163	0,113
		20	877	2,673	0,138
		22	902	2,890	0,160
3	82,1	2,5	510	1,257	0,133
		5	558	1,420	0,131
		10	653	1,781	0,133
		15	749	2,207	0,148
		20	844	2,684	0,196
		22	870	2,890	0,218
4	155,1	1	502	1,282	0,243
		5	547	1,540	0,222
		10	607	1,880	0,210
		15	675	2,260	0,212
		20	752	2,686	0,233
		22	789	2,880	0,256
5	191,6	1	487	1,300	0,287
		5	540	1,550	0,268
		10	610	1,894	0,259
		15	677	2,275	0,261
		20	743	2,707	0,275
		22	769	2,882	0,278

Folgerungen aus den Versuchen.

Man erkennt aus den Kurven, daß die Luftgeschwindigkeit zunächst von unten nach oben hin abnimmt, daß sie aber in der oberen Hälfte des Steigrohres wieder zunimmt. Während die Zunahme bei den Versuchen 2 und 3 nur gering ist, nimmt die Geschwindigkeit bei den Versuchen 4 und 5 etwa bis zum Anfangswerte zu. Zur Erklärung dieses Verhaltens sei Folgendes bemerkt. Das spezifische Gewicht des Gemisches nimmt wegen der Expansion der Luft von unten nach oben hin ab, s. die Kurven von γ. Dies bewirkt eine Verringerung der Luftgeschwindigkeit wegen der Verringerung des Auftriebes. Anderseits wirkt die Vergrößerung der Luftblasen bei der Expansion auf eine Vergrößerung der Geschwindigkeit hin. Es sind also zwei einander entgegen wirkende Einflüsse vorhanden, und die Luftgeschwindigkeit wird daher abnehmen oder zunehmen, je nachdem der eine oder der andere der beiden Einflüsse überwiegt. Hierzu kommt noch, daß der Einfluß des spezifischen Gewichtes auf den Auftrieb verschieden ist, je nachdem die Luft im Wasser fein verteilt ist oder nicht. Ist sie nämlich fein verteilt, so erfahren die Luftbläschen tatsächlich einen geringeren Auftrieb, da jede Blase in einem spezifisch leichteren

Gemisch schwimmt. Denkt man sich aber in demselben Raum eine einzige Luftblase von Wasser umgeben, so wirkt auf die Luft ein Auftrieb entsprechend dem spezifischen Gewicht des Wassers, obwohl das mittlere spezifische Gewicht von Wasser und Luft ebenso groß sein kann wie im ersten Falle.

Da in das Steigrohr der Pumpe ein Glasrohr eingeschaltet ist, so kann man beobachten, wie die Luft im Wasser verteilt ist. Es zeigt sich, daß einerseits eine große Zahl von Luftblasen vorhanden ist, deren Durchmesser 3 bis 5 mm beträgt, daß aber anderseits in bestimmten regelmäßigen Abständen große Luftblasen von 1 bis 2 ltr Inhalt durch das innige Gemisch von Wasser und Luft hindurchtreten. Bei den Versuchen 4 und 5 war nun die Zahl der großen Luftblasen erheblich größer als bei den Versuchen 2 und 3, so daß bei jenen Versuchen die Verringerung des spezifischen Gewichtes nicht in dem Maße zur Geltung kommen konnte wie bei diesen. Dies macht den verschiedenen Verlauf der Kurven von v_L bei den einzelnen Versuchen erklärlich.

Bei Versuch 5, bei welchem die Förderung der Pumpe gerade beginnt, wurde ferner eine Luftgeschwindigkeit von rd. 0,28 m/sk ermittelt; sucht man aber aus Abb. 7 die einem Blasendurchmesser von 3 bis 5 mm entsprechende Geschwindigkeit auf, so findet man rd. 0,25 m/sk. Daraus folgt, daß diese kleinen Luftblasen für den Durchgang der Luft durch das Wasser nicht von wesentlichem Einfluß sein können, besonders da das mittlere spezifische Gewicht des Gemisches rd. 624 kg/cbm beträgt, während sich die Geschwindigkeiten in Abb. 7 auf $\gamma = 1000$ kg/cbm beziehen. Daß die Verringerung des spezifischen Gewichtes auch eine Verringerung der Luftgeschwindigkeit bewirkt, konnte bei Versuch 2 beobachtet werden, bei welchem sich am oberen Ende eine seifenschaumartige Masse bildete, aus welcher sich die kleinen Luftbläschen nur träge loslösten. In regelmäßigen Abständen drängten sich aber, wie schon erwähnt, durch diese Masse große Lufträume hindurch, die daher einen größeren Einfluß auf die Luftgeschwindigkeit haben müssen, als die kleinen Luftblasen. Da außerdem bei diesem Versuch der Grundwasserspiegel vollkommen ruhig war, so muß geschlossen werden, daß dieses stoßweise Arbeiten, wie es durch das periodische Aufsteigen großer Luftblasen gekennzeichnet wird, mit der Arbeits weise der Mammutpumpe untrennbar verknüpft ist. Diese Ermittlungen decken sich mit Beobachtungen von Karbe[1]), der ebenfalls ein stoßweises Arbeiten gefunden hat.

Anderseits bestätigt sich die Vermutung von Karbe, daß sich große Luftblasen kolbenartig an die Wandung anschmiegen und keine nennenswerte Aufstieggeschwindigkeit haben, durchaus nicht. Auch die Annahme von Darapsky und Schubert, daß sich regelmäßige Wasser- und Luftkolben ausbilden, ist nicht zutreffend. Beobachtung und Rechnung ergeben vielmehr, daß gerade die großen Luftblasen mit größerer Geschwindigkeit im Wasser hochsteigen. Ihr Vorhandensein läßt sich, wie oben gezeigt wurde, nicht vermeiden. Sie bilden sich wahrscheinlich in der Weise aus, daß das Wasser um eine gewisse Strecke in das Fußstück zurückgedrückt wird, wobei ein großes Luftvolumen in das Steigrohr eintritt. Die kleinen Luftblasen von 3 bis 5 mm Dmr. bilden sich dagegen aus, wenn die Luft gleichmäßig über den unteren Rand des Steigrohres fließt. Daß ihr Durchmesser 5 mm nicht übersteigt, ist nach den in Abschnitt I gemachten Beobachtungen erklärlich, da es nicht gelang, Blasen von mehr als 4,5 mm Dmr. zu erzeugen.

Der für Versuch 1 gefundenen mittleren Luftgeschwindigkeit von 0,303 m/sk entspricht nach Abb. 7 ein mittlerer Blasendurchmesser von rd. 25 mm, der nach den zu Abschnitt I gehörigen Beobachtungen sehr wohl möglich ist.

---

[1]) L.-N. 4.

III. Abschnitt.

Versuche zur Ermittlung der Relativluftgeschwindigkeit bei der Mammutpumpe.

Da sich bei den Versuchen des vorigen Abschnitts die Luftgeschwindigkeit um so größer ergeben hat, je größer die zugeführte Luftmenge war, so liegt die Vermutung nahe, daß bei weiterer Steigerung der Luftmenge die Geschwindigkeit der Luft in bezug auf das Wasser, d. h. die Relativluftgeschwindigkeit weiter ansteigen wird. Das genaueste Verfahren zur Messung dieser Geschwindigkeit bestände nun darin, außer dem Druckverlauf auch den Verlauf der Wassergeschwindigkeit im Steigrohr festzustellen. Durch eine einfache Rechnung würde sich dann die Relativluftgeschwindigkeit ergeben. Nun ist es aber versuchstechnisch unmöglich, die Wassergeschwindigkeit bei der Mammutpumpe zu messen, da nicht nur die Geschwindigkeiten in verschiedenen Teilen des Querschnittes außerordentlich verschieden ausfallen, sondern auch der Betrag der Geschwindigkeit sich mit der Zeit in so bedeutendem Maße ändert, daß eine Beobachtung des Mittelwertes unmöglich ist. Diese Aenderung der Geschwindigkeit geht so weit, daß sie bei kleinen Wassermengen sogar negative Werte annehmen kann, dann nämlich, wenn beim Hochsteigen großer Luftblasen das Gemisch aus Wasser und kleinen Luftblasen zurückfällt.

Es muß also für die Ermittlung der Relativluftgeschwindigkeit ein anderer Weg beschritten werden, und zwar muß der rechnerische Zusammenhang aller bei der Mammutpumpe vorkommenden Größen bekannt sein, damit nach Beobachtung aller übrigen Größen die Relativluftgeschwindigkeit v_L berechnet werden kann. Es muß mit anderen Worten eine Theorie der Mammutpumpe aufgestellt werden, ehe eine Berechnung von v_L möglich ist.

Theorie des Druckluft-Wasserhebers.

In derjenigen Tiefe, in der sich die Unterkante des Steigrohres befindet, herrscht außerhalb des Steigrohres ein Druck von E m W. S. ($E =$ Eintauchtiefe, Abb. 18), im Innern ein Druck p_1 m W.-S., wenn gerade die Mischung zwischen Wasser uud Luft stattgefunden hat. Das Gemisch (bezw. das Wasser) habe beim Eintritt in das Steigrohr die Geschwindigkeit w_1; somit ist die Geschwindigkeitshöhe $\frac{w_1{}^2}{2\,g}$ m Gemischsäule oder $\frac{w_1{}^2}{2\,g}\frac{\gamma_1}{\gamma_w}$ m W.-S., wenn γ_1 das spezifische Gewicht des Gemisches beim Eintritt ist. (Ob die Geschwindigkeit der Luft eine andere als w_1 ist, spielt wegen des geringen spezifischen Gewichtes der Luft keine Rolle.) Im Fußstück ströme das Wasser mit einer Geschwindigkeit w_0 zu. (Die lichte Weite des Rohransatzes sei gleich der lichten Weite des Steigrohres angenommen.) Beim Eintritt in das Fußstück entsteht wegen der plötzlichen Geschwindigkeitsände-

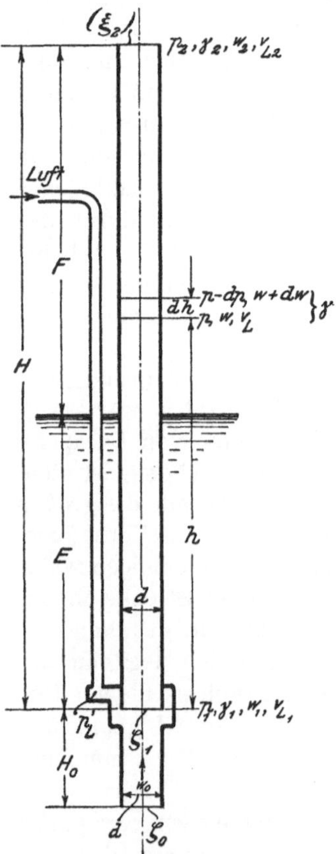

Abb. 18.
Schema der Mammutpumpe.

rung ein Verlust von der Größe $\zeta_0 \dfrac{w_0{}^2}{2g}$, ebenso tritt beim Eintritt in das Steigrohr eine Verlusthöhe $\zeta_1 \dfrac{w_1{}^2}{2g} \dfrac{\gamma_1}{\gamma_w}$ m W.-S. auf. Außerdem muß die Rohrreibung im Fußstück von der Größe $h_r{}^0 = \lambda_0 \dfrac{H_0}{d} \dfrac{w_0{}^2}{2g}$ überwunden werden ($\lambda_0 =$ Rohrreibungszahl). Zwischen den verschiedenen Größen besteht die Beziehung

$$E = p_1 + \zeta_0 \frac{w_0{}^2}{2g} + \lambda_0 \frac{H_0}{d} \frac{w_0{}^2}{2g} + (1 + \zeta_1) \frac{w_1{}^2}{2g} \frac{\gamma_1}{\gamma_w} \quad \ldots \ldots \quad (13).$$

Da die Rohrenden meist stumpf abgeschnitten sein dürften, so haben die Widerstandzahlen die Werte [1]):

$$\zeta_0 = 0{,}56$$

und

$$\zeta_1 = 0{,}56.$$

Im Steigrohr seien zwei unendlich benachbarte Schichten betrachtet, die den senkrechten Abstand dh voneinander haben, s. Abb. 18). Der Druckunterschied in diesen beiden Schichten betrage dp m W.-S. Er rührt einerseits vom Gewicht der Flüssigkeitsäule $dh \dfrac{\gamma}{\gamma_w}$ m W.-S., anderseits von der Zunahme der Geschwindigkeitshöhe (wegen der Ausdehnung der Luft) und der Rohrreibung auf der Strecke dh her. Die Zunahme der Geschwindigkeitshöhe hat den Betrag

$$\frac{w\,dw}{g} \text{ m Gemischsäule oder } \frac{w\,dw}{g} \frac{\gamma}{\gamma_w} \text{ m W.-S.}$$

Der Reibungsverlust beträgt

$$\lambda \frac{dh}{d} \frac{w^2}{2g} \text{ m Gemischsäule oder } \lambda \frac{dh}{d} \frac{w^2}{2g} \frac{\gamma}{\gamma_w} \text{ m W.-S.}$$

($\lambda =$ Rohrreibungszahl, $d =$ lichte Weite des Steigrohres in m). Zwischen den genannten Größen besteht die Beziehung

$$-dp = dh \frac{\gamma}{\gamma_w} + \frac{w\,dw}{g} \frac{\gamma}{\gamma_w} + \lambda \frac{dh}{d} \frac{w^2}{2g} \frac{\gamma}{\gamma_w} \quad \ldots \ldots \quad (14).$$

dp muß mit dem negativen Vorzeichen eingesetzt werden, da einer Abnahme des Druckes eine Zunahme der Höhe, der Geschwindigkeit und der Reibungshöhe entspricht. Durch Integration erhält man

$$\int_{p_1}^{p_2} -dp = \int_0^H dh \frac{\gamma}{\gamma_w} + \int_{w_1}^{w_2} \frac{w\,dw}{g} \frac{\gamma}{\gamma_w} + \int_0^H \lambda \frac{dh}{d} \frac{w^2}{2g} \frac{\gamma}{\gamma_w} \quad \ldots \ldots \quad (15).$$

Die einzelnen Integrale vorstehender Gl. (15) seien getrennt behandelt.

1) $\displaystyle\int_{p_1}^{p_2} -dp = -p_2 + p_1 = p_1$, da $p_2 = 0$ at Ueberdruck ist (der Index 2 bezieht sich auf das Ende des Steigrohres).

2) $\displaystyle\int_0^H dh \frac{\gamma}{\gamma_w} = \frac{1}{\gamma_w} \int_0^H \gamma\,dh = \frac{\gamma_m}{\gamma_w} H$, wenn γ_m das mittlere spezifische Gewicht des Gemisches über die ganze Steigrohrlänge ist. Die Versuche 1 bis 5 ergeben nun, daß die Abnahme von γ der Höhe proportional ist, s. Abb. 14 bis 17, oder daß die Kurve $\gamma = f(h)$ eine Gerade ist. In diesem Falle ist aber $\gamma_m = \dfrac{\gamma_1 + \gamma_2}{2}$. Nimmt man nun an, daß auch bei der arbeitenden Pumpe

---

[1]) L.-N. 8 Bd. I S. 299.

$\gamma = f(h)$ eine Gerade ist (wenigstens mit praktisch hinreichender Annäherung), so ergibt sich für obiges Integral die einfache Lösung

$$\int_0^H dh\, \frac{\gamma}{\gamma_w} = \frac{\gamma_1 + \gamma_2}{2\,\gamma_w}\, H.$$

Ein Beweis für diese Annahme kann auf theoretischem Wege nicht erbracht werden. Er kann jedoch mittelbar geführt werden, indem gezeigt wird, daß auf Grund dieser Annahme gewonnene Rechnungswerte mit Messungswerten, die durch Versuche festgestellt worden sind, übereinstimmen. Im einzelnen sei auf diesen Beweis erst später eingegangen.

3) Der Verlust durch die wachsende Geschwindigkeit des Gemisches wird

$$h_w = \int_{w_1}^{w_2} \frac{w\,dw}{g}\, \frac{\gamma}{\gamma_w} = \frac{1}{g\,\gamma_w} \int_{w_1}^{w_2} \gamma\, w\, dw \quad \ldots \ldots \ldots \quad (16).$$

Es läßt sich nun zeigen, daß $\gamma\,w$ für alle Höhen unveränderlich ist. Es ist

$$\gamma = \frac{f_w\, dh\, \gamma_w + f_L\, dh\, \gamma_L}{f\, dh}.$$

Da nun γ_L gegenüber γ_w sehr klein ist, so kann $f_L\, \gamma_L$ gegenüber $f_w\, \gamma_w$ unbedenklich vernachlässigt werden. Der entstehende Fehler beträgt noch nicht 1 vH, wenn der spezifische Luftbedarf groß ist, z. B. 10 cbm atmosphärischer Luft für 1 cbm Wasser beträgt, ein Wert, der in den meisten Fällen unterschritten wird. Daher wird $\gamma = \frac{f_w\, \gamma_w}{f}$, und mit $f_w = \frac{V_w}{w}$, worin V_w die sekundlich geförderte Wassermenge bezeichnet, ergibt sich

$$\gamma = \frac{V_w\, \gamma_w}{f\, w},$$

so daß man erhält

$$\gamma\, w = \frac{V_w\, \gamma_w}{f} = \text{konst.} = \gamma_1\, w_1 = \gamma_2\, w_2 \quad \ldots \ldots \ldots \quad (17).$$

Weiter ist $\frac{V_w}{f} = w_0$, gleich derjenigen Geschwindigkeit, die das Wasser allein im Steigrohr haben würde. Diese ist gleich der Zuflußgeschwindigkeit des Wassers im Fußstück, wenn die lichten Rohrweiten des Rohres am Fußstück und des Steigrohres einander gleich sind, was meist der Fall sein dürfte. Statt Gl. (17) kann man daher auch schreiben

$$\gamma\, w = \gamma_w\, w_0 \quad \ldots \ldots \ldots \ldots \ldots \quad (17a).$$

Mit Benutzung von Gl. (17a) und (17) erhält man für Gl. (16)

$$h_w = \frac{w_0\, \gamma_w}{g\, \gamma_w}\, (w_2 - w_1) = \frac{w_2^2\, \gamma_2}{g\, \gamma_w} - \frac{w_1^2\, \gamma_1}{g\, \gamma_w}.$$

4) Der Rohrreibungsverlust ist

$$h_r = \frac{1}{d}\, \frac{1}{2\, g\, \gamma_w} \int_0^H \lambda\, w^2\, \gamma^2\, \frac{dh}{\gamma} \quad \ldots \ldots \ldots \quad (18).$$

Nach Gl. (17a) ist $w\,\gamma = w_0\,\gamma_w$ und kann vor das Integralzeichen gesetzt werden. Die Rohrreibungszahl ist, streng genommen, veränderlich. Es genügt aber, wenn man sie als gleichbleibend ansieht und denjenigen Wert einsetzt, welcher dem quadratischen Mittelwert der Geschwindigkeit

$$\sqrt{(w^2)_m} = \sqrt{\tfrac{1}{3}\, (w_1^2 + w_1 w_2 + w_2^2)}$$

entspricht. Man erhält also

$$h_r = \frac{\lambda}{d}\, \frac{w_0^2\, \gamma_w^2}{2\,g\,\gamma_w} \int_0^H \frac{d\,h}{\gamma} \quad \cdots \cdots \cdots \quad (18a).$$

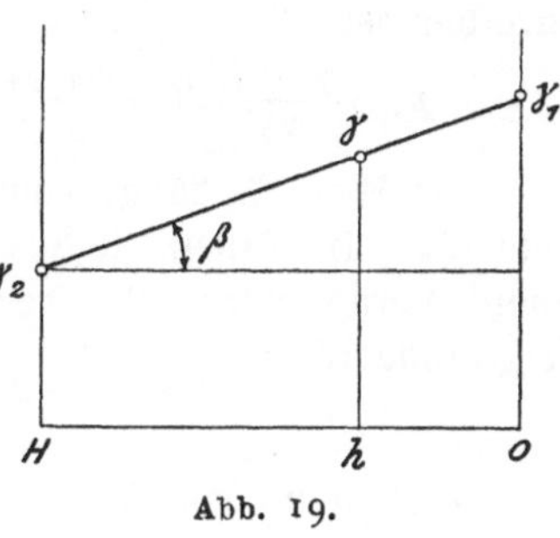

Auf Grund der vorhin gemachten Annahme, daß $\gamma = f(h)$ eine Gerade ist, ergibt sich eine einfache Beziehung zwischen γ und h. Nach Abb. 19 ist

$$\gamma = \gamma_2 + (H-h)\,\mathrm{tg}\,\beta = \gamma_2 + (H-h)\frac{\gamma_1 - \gamma_2}{H}.$$

Setzt man diesen Wert in Gl. (18a) ein, so ist das Integral zu lösen. Die Lösung lautet

$$h_r = \lambda\, \frac{H}{d}\, \frac{w_0^2}{2\,g}\, \frac{\gamma_w}{\gamma_1 - \gamma_2} \ln \frac{\gamma_1}{\gamma_2} \quad \cdot \quad \cdot \quad (19).$$

Abb. 19.

$\lambda\, \dfrac{H}{d}\, \dfrac{w_0^2}{2\,g}$ ist die Reibungshöhe, welche auftreten würde, wenn nur Wasser durch daß Steigrohr fließen würde. Der Ausdruck $\dfrac{\gamma_w}{\gamma_1 - \gamma_2} \ln \dfrac{\gamma_1}{\gamma_2}$ hat eine einfache Bedeutung. Schreibt man nämlich Gl. (18) in der Form

$$h_r = \frac{\lambda}{d}\, \frac{w_0}{2\,g}\, H\, \frac{\int_0^H w\,d\,h}{H} \;,\; \text{so bedeutet} \; \frac{\int_0^H w\,d\,h}{H}$$

die mittlere Gemischgeschwindigkeit w_m über die Steigrohrlänge. Es ist also auch

$$h_r = \lambda\, \frac{H}{d}\, \frac{w_0\, w_m}{2\,g} \quad \cdots \cdots \cdots \quad (20).$$

Durch Vergleichen von Gl. (19) und (20) erhält man

$$w_m = w_0\, \frac{\gamma_w}{\gamma_1 - \gamma_2} \ln \frac{\gamma_1}{\gamma_2} \quad \cdots \cdots \cdots \quad (21).$$

Dies läßt sich mit Benutzung von Gl. (17) umformen in

$$w_m = \frac{1}{\dfrac{1}{w_1} - \dfrac{1}{w_2}} \ln \frac{w_2}{w_1} \quad \cdots \cdots \cdots \quad (21a).$$

Bezüglich der Zahlenwerte von λ ist zu bemerken, daß nach den Angaben von Biel[1] dieselben Koeffizienten für Wasser und für Luft Verwendung finden können. Die von ihm angegebenen Werte erschweren aber die Rechnung etwas, und daher wurde es vorgezogen, den von H. Lang angegebenen Wert $\lambda = a + \dfrac{2\,b}{\sqrt{w\,d}}$ zu benutzen, der sämtliche Versuche bis 1910 berücksichtigt[2]. Es ist $a = 0{,}02$ und $b = 0{,}001$ für Wasser von 10^0 C. Da bei Tiefbrunnen das Wasser immer etwa 10^0 Temperatur hat, so kann mit obigem Wert von b gerechnet werden.

Setzt man die für die einzelnen Integrale gefundenen Werte in Gl. (15) ein, so erhält man

$$p_1 = \frac{\gamma_1 + \gamma_2}{2\,\gamma_w}\, H + \frac{w_2^2}{g}\, \frac{\gamma_2}{\gamma_w} - \frac{w_1^2}{g}\, \frac{\gamma_1}{\gamma_w} + \lambda\, \frac{H}{d}\, \frac{w_0^2}{2\,g}\, \frac{\gamma_w}{\gamma_1 - \gamma_2} \ln \frac{\gamma_1}{\gamma_2} \quad \cdot \quad \cdot \quad (22).$$

---

[1] L.-N. 9 S. 1066.
[2] L.-N. 8 Bd. I S. 296 und 297.

Diese Gleichung gilt aber nur für ein Steigrohr, welches oben wagerecht abgeschnitten ist. Ist am oberen Ende ein Ausgußkrümmer vorhanden, so entsteht durch diesen eine Verlusthöhe $\zeta_2 \frac{w_2{}^2}{2\,g} \frac{\gamma_2}{\gamma_w}$ m W.-S., so daß in diesem Falle zu schreiben ist

$$p_1 = \frac{\gamma_1 + \gamma_2}{2\,\gamma_w} H + \frac{w_2{}^2}{g} \frac{\gamma_2}{\gamma_w} - \frac{w_1{}^2}{g} \frac{\gamma_1}{\gamma_w} + \lambda\,\frac{H}{d}\,\frac{w_0{}^2}{2\,g}\,\frac{\gamma_w}{\gamma_1 - \gamma_2} \ln \frac{\gamma_1}{\gamma_2} + \zeta_2 \frac{w_2{}^2}{2\,g}\frac{\gamma_2}{\gamma_w} \qquad (22\,\mathrm{a}).$$

Der Wert ζ_2 hängt vom Verhältnis des Krümmungshalbmessers zur Rohrweite ab. In Fällen, in welchen der Halbmesser bekannt war, wurde mit genauen Werten von ζ_2[1]) gerechnet, sonst wurde der mittleren Verhältnissen entsprechende Wert

$$\zeta_2 = 0{,}14$$

benutzt.

Setzt man den Wert von p_1 nach Gl. (22a) in Gl. (13) ein, so erhält man endlich die Hauptgleichung

$$E = \frac{\gamma_1 + \gamma_2}{2\,\gamma_w} H + \frac{w_2{}^2}{g}\frac{\gamma_2}{\gamma_w} - \frac{w_1{}^2}{2\,g}\frac{\gamma_1}{\gamma_w} + \lambda\,\frac{H}{d}\,\frac{w_0{}^2}{2\,g}\,\frac{\gamma_w}{\gamma_1 - \gamma_2}\ln\frac{\gamma_1}{\gamma_2} + \lambda_0\,\frac{H_0}{d}\,\frac{w_0{}^2}{2\,g} + \zeta_0\,\frac{w_0{}^2}{2\,g} + \zeta_1\,\frac{w_1{}^2}{2\,g}\frac{\gamma_1}{\gamma_w}$$
$$+\;\zeta_2\,\frac{w_2{}^2}{2\,g}\frac{\gamma_2}{\gamma_w} \qquad (23).$$

Werden nun bei einer Pumpe Eintauchtiefe und Förderhöhe, der Pumpe zugeführtes Luftgewicht und geförderte Wassermenge gemessen, so enthält Gl. (23) als Unbekannte die Geschwindigkeiten w_1 und w_2 (γ_1 und γ_2 können mit Hülfe von Gl. (17) immer auf w_1 und w_2 zurückgeführt werden). w_1 und w_2 lassen sich aber durch die Relativluftgeschwindigkeiten v_{L_1} und v_{L_2} am Anfang und am Ende ausdrücken, deren Bestimmung ja Zweck der angestellten Versuche ist. Es ist nämlich (mit den früheren Bezeichnungen) nach Gl. (7)

$$f = \frac{V_w}{w} + \frac{G_L}{\gamma_L\,(w + v_L)},$$

da $w + v_L$ die absolute Luftgeschwindigkeit ist. Löst man diese Gleichung nach w auf, so erhält man

$$w^2 - w\left(\frac{G_L}{f\,\gamma_L} + \frac{V_w}{f} - v_L\right) - \frac{V_w}{f}\,v_L = 0 \quad . \quad . \quad . \quad . \quad (24)$$

und für den Anfangs- bezw. für den Endquerschnitt

$$w_1{}^2 - w_1\left(\frac{G_L}{f\gamma_{L_1}} + \frac{V_w}{f} - v_{L_1}\right) - \frac{V_w}{f}\,v_{L_1} = 0 \quad . \quad . \quad . \quad (24\,\mathrm{a}),$$

$$w_2{}^2 - w_2\left(\frac{G_L}{f\,\gamma_{L_2}} + \frac{V_w}{f} - v_{L_2}\right) - \frac{V_w}{f}\,v_{L_2} = 0 \quad . \quad . \quad . \quad (24\,\mathrm{b}).$$

Die spezifischen Gewichte der Luft γ_{L_1} und γ_{L_2} können durch Druck- und Temperaturmessung bestimmt werden, so daß die drei Gl. (23), (24a) und (24b) jetzt außer den Unbekannten w_1 und w_2 die beiden Unbekannten v_{L_1} und v_{L_2} enthalten. Will man die Möglichkeit haben, sie zu berechnen, so muß man wissen, wie sich v_{L_1} und v_{L_2} zueinander verhalten. Auf theoretischem Wege ist es nicht möglich, eine Beziehung zwischen beiden Geschwindigkeiten aufzustellen. Die Versuche des vorigen Abschnitts, bei denen die Pumpe gerade zu fördern beginnt, legen nun den Gedanken nahe, daß praktisch diese beiden Geschwindigkeiten einander gleich sind, s. Abb. 16 und 17. Da die Rechnung dadurch erleichtert wird und eine genaue Ermittlung nicht möglich ist, so sei auch für die arbeitende Pumpe die Annahme gemacht

$$v_{L_1} = v_{L_2} = v,$$

---

[1]) L.-N. 8 Bd. I S. 299 und 300.

und es sei in der Folge die kürzere Bezeichnung v für diese Geschwindigkeit gewählt. Wenn tatsächlich v_{L_1} und v_{L_2} etwas voneinander abweichen, so ist v als Mittelwert der Anfangs- und der Endgeschwindigkeit aufzufassen. Es ist nunmehr möglich, aus bekannten Versuchsdaten mit Hülfe der Gl. (23), (24a) und (24b) die Relativluftgeschwindigkeit v zu berechnen. Allerdings lassen sich die Gleichungen nicht nach v auflösen, es müssen vielmehr mit einem angenommenen Wert von v die Geschwindigkeiten w_1 und w_2 sowie γ_1 und γ_2 berechnet werden, und es muß dann geprüft werden, ob die Hauptgleichung (23) erfüllt ist. Kennt man die Größenordnung von v annähernd, so genügt es, die Rechnung für zwei Werte von v durchzuführen und zwischen diesen Werten zu interpolieren.

Bevor auf die Versuche eingegangen werden kann, muß gezeigt werden, in welcher Weise der Beweis geführt werden soll, daß die beiden gemachten Annahmen

$$1)\ \gamma = f(h) \text{ ist eine Gerade,}$$
$$2)\ v_{L_1} = v_{L_2} = v$$

mit praktisch ausreichender Annäherung zutreffen. Gl. (14) kann in der Form geschrieben werden

$$-\frac{dp}{dh} = \frac{\gamma}{\gamma_w} + \frac{w}{g}\frac{\gamma}{\gamma_w}\frac{dw}{dh} + \frac{\lambda}{d}\frac{w^2}{2g}\frac{\gamma}{\gamma_w} \quad \ldots \ldots \ldots (25).$$

Sind nun für einen Versuch v, γ_1, γ_2, w_1 und w_2 berechnet worden, so sind durch die Annahme 1) die Werte von γ für verschiedene Höhen festgelegt, und wegen Gl. (17a) ist auch der Verlauf der Kurve $w = f(h)$ bestimmt. Es können daher aus dieser Kurve für beliebige Höhen h die Werte von w und auch die Werte von $\frac{dw}{dh}$ gefunden werden. Somit können mit Gl. (25) die Werte $\frac{dp}{dh}$ ermittelt werden, die sich auf Grund der gemachten Annahmen ergeben. Anderseits kann man wie bei den Versuchen 1 bis 5 des vorigen Abschnitts den Gemischdruck p in verschiedenen Höhen h messen und aus der Kurve $p = f(h)$ die Werte $\frac{dp}{dh}$ bestimmen, die tatsächlich vorhanden sind. Stimmen die auf Grund der Rechnung gefundenen Werte von $\frac{dp}{dh}$ mit den durch Versuch gefundenen genügend genau überein, so darf auf die Richtigkeit der gemachten Annahmen geschlossen werden.

Versuchsanordnung.

Die Versuchsanordnung ist die gleiche, wie sie für die vorhergehenden Versuche benutzt wurde, Abb. 9 und 10. Die 8 mm-Düse wurde durch eine andere von 16 mm Dmr. ersetzt. Im Gegensatze zur kleinen Düse war diese scharfkantig ausgeführt. Das theoretisch durchfließende Luftgewicht ist für diese Düse

$$G_{th}{}^{\text{g/sk}} = 519{,}6 \sqrt{\frac{p_{L_1}{}^{\text{at abs.}}}{T_L{}^{0\,\text{abs.}}}}\ \varDelta p^{\text{m W.-S.}}$$

Die Eichung wurde in derselben Weise ausgeführt wie die der kleinen Düse. Es wurden drei Versuchsreihen bei rd. 1,2, 1,3 und 1,4 at Ueberdruck ausgeführt, und es ergab sich, daß bei dieser Düse die Ausflußzahl für alle Druckunterschiede und auch für den Druckbereich von 1,2 bis 1,4 at stets gleich ist. Im Mittel ist $\mu = 0{,}601$ in sehr guter Uebereinstimmung mit dem Werte 0,6, den Müller gefunden hat. Da diese Düse scharfkantig ist, so ist es möglich, daß die zylindrische Form der 8 mm-Düse die Ursache für die dort beobachteten auffallenden Werte von μ ist.

Zu den Messungen bei den vorhergehenden Versuchen kommt die Wassermessung hinzu. Sie erfolgte durch Ausflußöffnungen. Die Wassermenge wird bestimmt aus

$$V_w = i\,c\,\sqrt{h}\ \text{cbm/sk},$$

worin i die Anzahl der Oeffnungen, c die Ausflußzahl einer Oeffnung und h die Stauhöhe im Ausflußgefäß bedeutet. Die Ausflußzahlen c der beiden benutzten Oeffnungen wurden bei verschiedenen Stauhöhen durch Auffangen des Wassers in Gefäßen von bekanntem Inhalt (rd. 1 cbm) ermittelt.

Versuche.

Die Versuche wurden in derselben Weise ausgeführt, wie die im vorigen Abschnitt beschriebenen. Das sekundlich zugeführte Luftgewicht wurde von rd. 2 bis rd. 14 g gesteigert.

Der Gemischdruck wurde bei den meisten Versuchen in rd. 1 m Abstand, bei einigen Versuchen in rd. 2 m Abstand gemessen. Bei jeder Ablesung des Gemischdruckes wurden auch alle übrigen Ablesungen ausgeführt. Die Dauer des Versuches betrug je nach der Zahl der Messungen 1 bis 2 Stunden. Während dieser Zeit wurde das der Pumpe zugeführte Luftgewicht möglichst gleich gehalten, die geförderte Wassermenge änderte sich daher auch nicht. Der Luftdruck vor der Pumpe p_L schwankte durchschnittlich um 3 bis 4 Hundertstel at, der Druckunterschied $\varDelta p$ um $\pm$ 10 bis 25 mm je nach der Luftmenge, und zwar bei größerer Luftmenge mehr.

Die Schwankungen des Grundwasserspiegels werden bei Wasserförderung beträchtlich. Ihre Größe erreicht bisweilen mehr als 0,5 m. Die Schwankungen erfolgen in langsamem Zeitmaß, ein Zusammenhang zwischen diesen Schwankungen und den Schwankungen des Luftdruckes war nicht zu erkennen, da diese viel schneller erfolgen.

Die Mittelwerte der Ablesungen sind in Zahlentafel 7 zusammengestellt. Die Ablesung des Luftdruckes p_L bei Versuch 8 dürfte fehlerhaft sein. Während nämlich bei allen übrigen Versuchen die Werte von p_L den Eintauchtiefen entsprechen, wie es der Fall sein muß, trifft dies bei Versuch 8 nicht zu. Bei zunehmender Wasserförderung nimmt außerdem die Eintauchtiefe stetig ab, und somit muß auch der Luftdruck stetig abnehmen. Diese Stetigkeit wäre nicht vorhanden, wenn der für Versuch 8 abgelesene Wert von p_L richtig wäre. Deshalb wurde angenommen, daß bei der Messung ein Fehler unterlaufen ist, und es wurde mit einem Werte entsprechend der Eintauchtiefe gerechnet.

Die Versuche sind zunächst in üblicher Weise ausgewertet worden, Zahlentafel 8. Aus den berichtigten Werten von $\varDelta p$ sind das sekundliche Luftgewicht und der spezifische Luftverbrauch in g/ltr bezw. in kg/cbm ermittelt worden. Außerdem ist der Arbeitsaufwand L_{ad} angegeben, welcher erforderlich ist, um das betreffende Luftgewicht von Atmosphärenspannung auf den Druck p_L verlustlos adiabatisch zu komprimieren. Mit der effektiven Arbeit der Pumpe L_e folgt dann der Wirkungsgrad der Pumpe, bezogen auf adiabatische Kompression zu $\eta_P^{ad} = \dfrac{L_e}{L_{ad}}$.

In Fig. 20 sind die Wassermenge, der spezifische Luftbedarf und der Wirkungsgrad in Abhängigkeit vom Luftgewicht aufgetragen. Der höchste erreichte Wirkungsgrad beträgt 52 vH. Daß dieser Höchstwert nicht bei der-

Zahlentafel 7.

Versuche zur Ermittlung der Relativluftgeschwindigkeit bei der Mammutpumpe. Mittelwerte der Ablesungen.

Versuch Nr.		6	7	8	9	10	11	12	13	14
Datum des Versuches	1911	31. 10.	11. 4.	12. 4.	13. 4.	22. 4.	22. 7.	24. 7.	24. 7.	25. 7.
Atmosphärendruck	at abs.	1,034	1,037	1,029	1,031	1,046	1,041	1,035	1,035	1,035
Luftdruck vor der Pumpe p_L (nach Eichung berichtigt)	atUeberdr.	1,351	1,360	1,314(?) (1,337)	1,317	1,314	1,307	1,293	1,275	1,276
Druckunterschied vor und hinter der Düse (Ablesung) Δp	mm W.-S.	91,0	21,6	39,5	61,5	91,2	116	157,7	206,3	241,3
Temperatur der Luft t_L	°C	9,0	12,2	6,7	7,5	22,8	31,0	24,2	27,6	22,0
Eintauchtiefe E	m	13,550	13,640	13,435	13,242	13,219	13,049	12,811	12,730	12,807
Förderhöhe F	»	8,647	8,557	8,762	8,955	8,978	9,148	9,386	9,467	9,390
sekundlich geförderte Wassermenge V_w	l/sk	0,606	1,915	2,570	3,020	3,509	3,614	3,991	4,278	4,547
Gemischdruck in einer Tiefe von h' m von Ober-	$h' = 27$ p at	—	1,890	1,875	1,860	1,849	1,813	1,795	1,773	1,732
kante Steigrohr nach der Skala am Schlauch	26 Ueber-	1,789	1,792	1,770	1,750	1,729	1,714	—	—	—
(Temperaturberichtigung der Quecksilbersäule be-	25 druck	1,688	1,692	1,668	1,647	1,637	1,613	1,595	1,565	1,542
rücksichtigt)	24	1,585	1,591	1,567	1,545	1,534	1,508	—	—	—
	23	1,488	1,493	1,469	1,447	1,441	1,408	1,395	1,373	1,349
	22	1,389	1,383	1,367	1,347	1,345	1,303	1,293	-	—
	21	1,315	1,298	1,276	1,258	1,238	1,222	1,205	1,190	1,164
	20	1,236	1,228	1,206	1,187	1,177	1,148	1,128	—	—
	19	—	1,149	1,140	1,119	1,105	1,083	1,061	1,047	1,035
	18	1,065	1,083	1,079	1,059	1,036	1,014	0,993	—	—
	17	—	1,009	0,997	0,999	0,975	0,947	0,926	0,924	0,916
	16	0,905	0,932	0,930	0,934	0,900	0,902	0,859	—	—
	15	—	0,863	0,857	0,853	0,837	0,815	0,803	0,805	0,801
	14	0,798	0,797	0,794	0,798	0,768	0,750	0,742	—	—
	13	—	0,735	0,734	0,728	0,712	0,694	0,685	0,686	0,692
	12	0,678	0,689	0,664	0,668	0,649	0,636	0,630	—	—
	11	—	0,624	0,613	0,598	0,597	0,585	0,572	0,576	0,572
	10	0,558	0,565	0,542	0,539	0,537	0,527	0,517	—	—
	9	—	0,517	0,499	0,479	0,488	0,472	0,464	0,462	0,458
	8	0,429	0,458	0,433	0,429	0,418	0,417	0,409	—	—
	7	—	0,408	0,374	0,369	0,368	0,367	0,350	0,358	0,348
	6	0,324	0,319	0,303	0,329	0,318	0,308	0,295	—	—
	5	—	0,250	0,249	0,260	0,268	0,258	0,240	0,248	0,249
	4	0,225	0,199	0,206	0,210	0,209	0,199	0,191	—	—
	3	—	0,141	0,166	0,170	0,159	0,149	0,143	0,149	0,149
	2	0,100	0,102	0,089	0,100	0,119	0,104	0,110	—	—
	1	—	0,051	0,054	0,050	0,060	0,050	0,054	0,040	0,055

Zahlentafel 8.

Versuche zur Ermittlung der Relativluftgeschwindigkeit bei der Mammutpumpe. Ergebnisse.

Versuch Nr.	Druck vor der Luftdüse $\cdot L_1$ at abs.	Druckunterschied vor und hinter der Düse (berichtigt) $\varDelta p$ mm W.-S.	theoretisches Luftgewicht G_{th} g/sk	Ausflußzahl u	sekundliches Luftgewicht $G_L = u\, G_{th}$ g/sk	Luftbedarf für 1 ltr gehobenen Wassers $\dfrac{G_L}{V_w}$ g/ltr=kg/cbm	Verhältnis Eintauchtiefe zu Förderhöhe $E : F$	effektive von der Pumpe geleistete Arbeit $L_e = V_w \gamma_w F$ mgk/sk	Arbeitsbedarf zur verlustlosen adiabatischen Kompression der Luft L_{ad} mkg/sk	Wirkungsgrad d.Pumpe, bezogen auf adiabatische Kompression $\eta_P^{Ad} = \dfrac{L_e}{L_{ad}}$
6	2,394	90,3	3,59 (8 mm Düse)	0,524	1,880	3,104	1,57	5,24	14,71	0,356
7	2,399	21,1	6,92	0,601	4,155	2,170	1,59	16,38	32,9	0,498
8	2,360	39,0	9,42	0,601	5,66	2,200	1,54	22,50	43,3	0,520
9	2,354	60,9	11,75	0,601	7,06	2,338	1,48	27,03	54,25	0,498
10	2,369	90,5	13,98	0,601	8,40	2,395	1,47	31,50	64,9	0,485
11	2,360	115,2	15,53	0,601	9,33	2,582	1,43	33,00	71,6	0,461
12	2,334	156,8	18,22	0,601	10,94	2,744	1,37	37,44	82,5	0,454
13	2,331	205,3	20,73	0,601	12,44	2,912	1,35	40,50	93,5	0,433
14	2,335	240,6	22,65	0,601	13,61	2,996	1,36	42,65	102,3	0,417

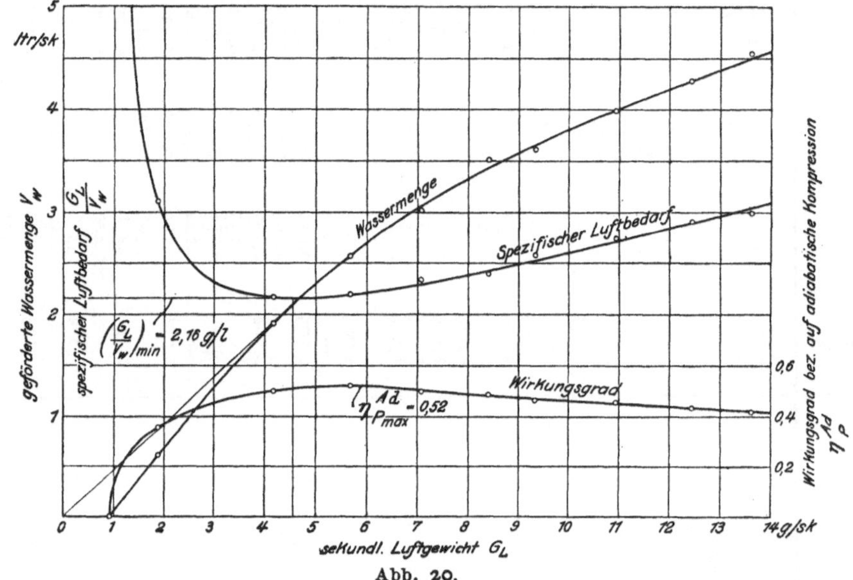

Abb. 20.

selben Luftmenge erreicht wird, bei welcher der spezifische Luftverbrauch am kleinsten ist, liegt daran, daß die Eintauchtiefe stetig etwas abnimmt, so daß die Kompressionsarbeit kleiner wird, die Effektivleistung aber steigt.

Wie bei den früheren Versuchen konnten neben kleinen auch große Luftblasen von mehreren Litern Inhalt beobachtet werden, welche mit großer Geschwindigkeit in dem innigen Wasserluftgemisch in die Höhe steigen. Die Wasserförderung ist daher nicht gleichmäßig, sondern mehr oder weniger unterbrochen. Die Zahl der großen Luftblasen steigt mit der Luftmenge, denn während bei Versuch 6 in der Minute 18 solcher Blasen aufstiegen, wurden bei Versuch 14 etwa 80 gezählt. Die Gleichmäßigkeit der Förderung ist ganz verschieden, je nach der Luftmenge. Die Zahl der Pausen, welche minutlich in der Förderung eintreten, ist in Abb. 21 in Abhängigkeit vom Luftgewicht aufgetragen. Man sieht, daß die Zahl der Pausen, von 0 anfangend (überhaupt keine Förderung) bis zu einem Höchstwert ansteigt und dann wieder bis auf 0

abnimmt. Während aber auf dem ansteigenden Ast der Kurve die Gesamt-
dauer der Pausen die Zeit überwiegt, innerhalb welcher gefördert wird, nimmt
die Dauer der Pausen beim Höchstpunkt der Kurve und beim abfallenden Ast
immer mehr ab. Z. B. beträgt die Dauer einer Unterbrechung bei $G_L = 8$ bis 10 g/sk
nur noch rd. 0,1 sk. Vollständig gleichmäßige Förderung ohne Unterbrechung

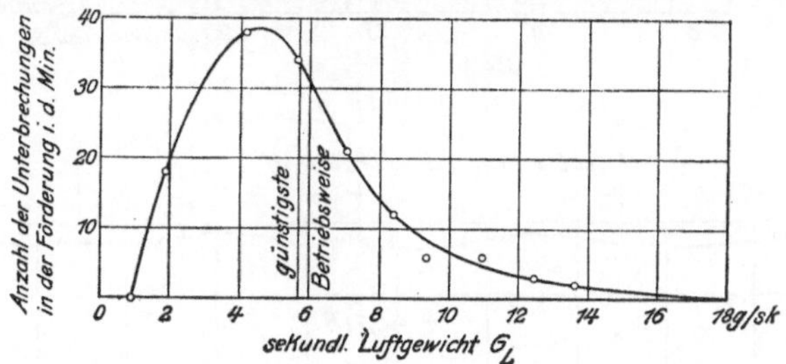

Abb. 21. Abhängigkeit der Gleichmäßigkeit der Förderung von der Luftmenge.

tritt erst etwa bei einem Luftgewicht von 18 g/sk ein. Bei der günstigsten Betriebsweise finden etwa 34 Unterbr./min statt, so daß also gleichmäßige Förderung durchaus nicht Bedingung für die günstigste Betriebsweise ist.

Die Messung des Druckverlaufes im Steigrohr ist nicht einfach, da der
Druck beträchtlich schwankt. Es bedarf einiger Uebung und längerer Beobachtung, um zutreffende Mittelwerte zu erhalten. Um für die Messung des
Druckverlaufes eine einwandfreie Kontrolle zu haben, wurde möglichst dicht
über dem Erdboden, also in möglichst großer Tiefe, ein Indikator angebracht,
dessen Trommel langsam durch einen Elektromotor angetrieben wurde. Dem
geringen Druck in dieser Tiefe entsprechend, wurde eine sehr schwache Feder
von 0,5 kg benutzt. Der Schreibstift zeichnet den Druckverlauf in einer Tiefe
von rd. 3,5 m in Abhängigkeit von der Zeit auf. Eine Reihe solcher Diagramme
sind in den Abb. 22 bis 29 gezeigt. Man erkennt, daß bisweilen der Druck

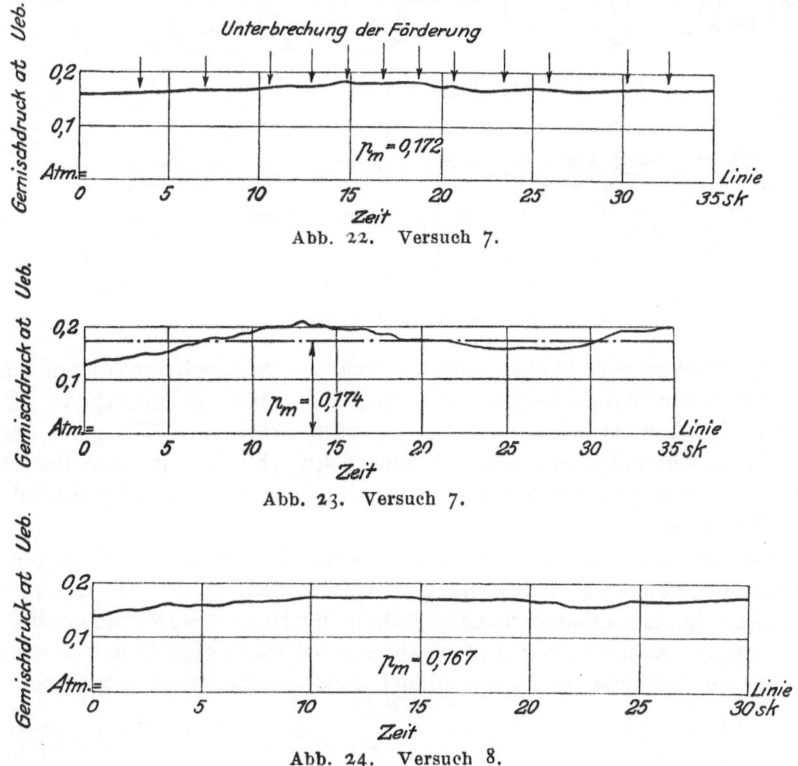

Abb. 22. Versuch 7.

Abb. 23. Versuch 7.

Abb. 24. Versuch 8.

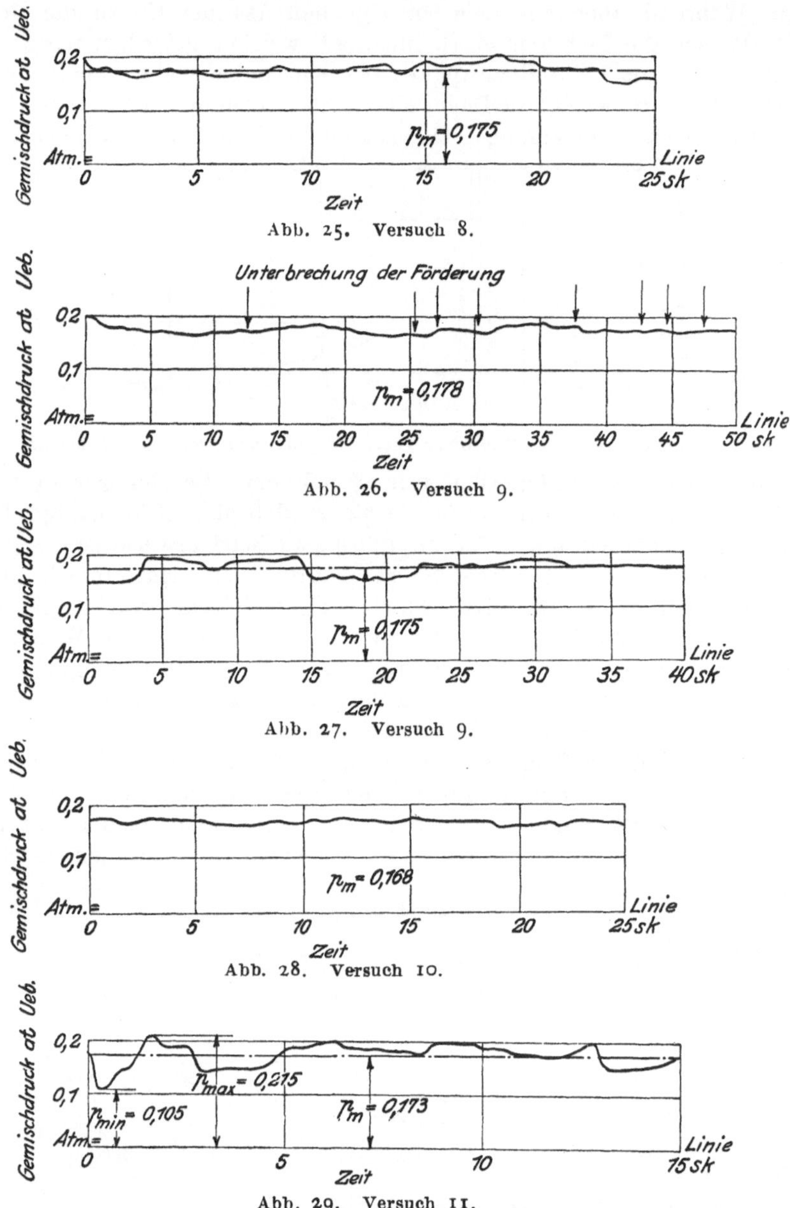

Abb. 25. Versuch 8.

Abb. 26. Versuch 9.

Abb. 27. Versuch 9.

Abb. 28. Versuch 10.

Abb. 29. Versuch 11.

eine Zeitlang unverändert bleibt, Abb. 24, daß die Druckschwankungen manchmal kurz hintereinander erfolgen, Abb. 29, daß aber manchmal der Druck langsam ansteigt und dann langsam wieder fällt, Abb. 23. Wie groß die auftretenden Druckschwankungen sein können, zeigt Abb. 29, wonach der Druck innerhalb einer Zeit von etwa 1,5 sk von 0,105 auf 0,215 at, also auf rd. den doppelten Betrag ansteigt.

In zwei von den Diagrammen, Abb. 22 und 26, sind durch Pfeile die Zeitpunkte kenntlich gemacht, an denen eine Unterbrechung der Förderung stattgefunden hat. Ein Zusammmenhang zwischen der Höhe des Druckes und diesen Unterbrechungen ist nicht vorhanden, da sie bei niedrigem Druck sowohl als auch bei hohem, bei ansteigendem und bei abfallendem Druck stattfinden.

Durch Planimetrieren erhält man aus diesen Diagrammen mit Hülfe des Federmaßstabes, der durch Eichung festgestellt wurde, den mittleren Druck in dieser Tiefe. Die aus allen Diagrammen ermittelten Werte, Zahlentafel 9, zeigen, daß mit der Abnahme der Eintauchtiefe die Abnahme des Druckes an dieser Stelle des Steigrohres (und ebenso in allen anderen Höhen, wie die Messung des Druckverlaufes ergeben hat) Hand in Hand geht.

In Zahlentafel 10 sind die berichtigten Tiefen h' angegeben, die zur Verzeichnung des Druckverlaufes erforderlich sind. Die Berichtigung erfolgte, wie

Zahlentafel 9.
Druckmessungen mit dem Indikator.

Versuch Nr.	mittlerer Gemischdruck in $h' = 3,493$ m Tiefe at Ueberdr.	Eintauchtiefe E m
7	0,177	13,64
8	0,175	13,435
9	0,1735	13,242
10	0,172	13,219
11	0,171	13,049
12	0,170	12,811
13	0,168	12,73
14	0,170	12,807

Zahlentafel 10.
Versuche zur Ermittlung der Relativluftgeschwindigkeit bei der Mammutpumpe.

Tiefe von Oberkante Steigrohr nach der Skala am Schlauch h' m	tatsächliche Tiefe von Oberkante Steigrohr bei Versuch Nr.								
	6	7	8	9	10	11	12	13	14
27	—	27,57		27,50	27,41	27,32	27,22	27,09	26,80
26	26,59	26,54		26,48	26,39	26,31	—	—	—
25	25,56	25,51		25,46	25,38	25,31	25,22	25,09	24,84
24	24,54	24,49		24,44	24,37	24,30	—	—	—
23	23,52	23,47		23,42	23,36	23,30	23,21	23,10	22,86
22	22,50	22,45		22,41	22,35	22,29	22,21	—	—
21	21,48	21,43		21,39	21,34	21,28	21,21	21,10	20,88
20	20,46	20,41		20,38	20,33	20,28	20,21	—	—
19	19,44	19,39	wie bei Versuch Nr. 7	19,36	19,32	19,27	19,20	19,11	18,91
18	18,42	18,37		18,35	18,31	18,27	18,20	—	—
17	17,41	17,36		17,33	17,30	17,26	17,20	17,11	16,93
16	16,39	16,34		16,32	16,29	16,25	16,20	—	—
15	15,37	15,32		15,30	15,28	15,25	15,19	15,12	14,96
14	14,35	14,30		14,29	14,27	14,24	14,19	—	—
13	13,33	13,28		13,27	13,26	13,24	13,19	13,12	12,99
12	12,32	12,27		12,26	12,25	12,23	12,19	—	—
11	11,31	11,26		11,25	11,24	11,22	11,19	11,13	11,01
10	10,29	10,24		10,24	10,23	10,22	10,18	—	—
9	9,28	9,23		9,23	9,21	9,21	9,18	9,14	9,04
8	8,27	8,22		8,22	8,20	8,21	8,18	—	—
7	7,25	7,20		7,21	7,19	7,20	7,18	7,14	7,07
6	6,23	6,19		6,19	6,18	6,20	6,17	—	—
5	5,22	5,18		5,18	5,17	5,19	5,17	5,15	5,09
4	4,21	4,17		4,17	4,16	4,18	4,17	—	—
3	3,19	3,15		3,16	3,15	3,18	3,17	3,15	3,12
2	2,18	2,14		2,14	2,14	2,27	2,16	—	—
1	1,17	1,13		1,13	1,13	1,17	1,16	1,16	1,14

im vorigen Abschnitt angegeben; nur ist bei diesen Versuchen zu beachten, daß die Dehnung des Schlauches je nach der Geschwindigkeit des Wassers verschieden ist. Je größer diese nämlich ist, um so mehr wird der Schlauch durch die Reibung des Wassers angehoben. Die Reibung wirkt an allen Teilen des Schlauches gleichmäßig dem Eigengewicht entgegen, daher wurde die vom angehängten Gewicht herrührende Dehnung von 200 mm als unveränderlich angesehen, während der übrigbleibende Betrag veränderlich ist. Bei Versuch 14 ist die Strömung des Wassers bereits so stark, daß der Schlauch gar nicht mehr gedehnt, vielmehr etwas angehoben wird. Die Berichtigung der Nullstellung ist bei den verschiedenen Versuchen nicht übereinstimmend, da sie zu ganz verschiedenen Zeiten und nicht in der in der Zahlentafel angegebenen Reihenfolge ausgeführt worden sind.

Im Folgenden seien einige Versuche genauer ausgewertet, um die Richtigkeit der gemachten Annahmen zu prüfen (s. S. 29). Zur Auswertung wurde erstens Versuch 14 benutzt, weil bei diesem die höchsten Geschwindigkeiten vorkamen. Mit Hülfe der Gl. (23), (24a) und (24b) ist zunächst die Relativluftgeschwindigkeit ausgerechnet worden. Sie ergibt sich zu $v = 1{,}61$ m/sk. Weiter ist in Abb. 30 der Druckverlauf in der Pumpe mit den Werten aus Zahlentafel 7 und 10 aufgetragen worden und ebenso die Kurve $\gamma = f(h)$ als eine Gerade zwischen den Endwerten $\gamma_1 = 660$ und $\gamma_2 = 415$ kg/cbm, die sich bei der Ausrechnung von v ergeben haben. Durch Gl. (17a) ist der Verlauf der Kurve $w = f(h)$ ermittelt und in die Abb. 30 eingetragen worden. In Zahlentafel 11 sind

Zahlentafel 11.

Genaue Auswertung von Versuch 14.

Tiefe von Oberkante Steigrohr h' $= H - h$ m	$\dfrac{\gamma}{\gamma_w}$	Gemisch- (Wasser-) geschwindigkeit w m/sk	$\dfrac{dw}{dh'}$ aus der Kurve $w = f(h)$ ermittelt	$\dfrac{w}{g}\ \dfrac{\gamma}{\gamma_w}\ \dfrac{dw}{dh}$	$\dfrac{\lambda}{d}\ \dfrac{w^2}{2g}\ \dfrac{\gamma}{\gamma_w}$	$\dfrac{dp}{dh'}$ berechnet	$\dfrac{dp}{dh'}$ aus der Kurve $p = f(h)$ ermittelt
0	0,413	2,320	0,0650	0,00635	0,0365	0,456	0,450
4	0,458	2,093	0,0524	0,00512	0,0329	0,496	0,505
8	0,503	1,904	0,0422	0,00412	0,0301	0,537	0,540
12	0,548	1,749	0,0354	0,00346	0,0275	0,579	0,580
16	0,593	1,616	0,0312	0,00304	0,0255	0,622	0,620
20	0,638	1,501	0,0284	0,00277	0,0237	0,664	0,665

für mehrere Werte von h die Werte von $\dfrac{\gamma}{\gamma_w}$, w und $\dfrac{dw}{dh}$ angegeben. Die Werte von $\dfrac{dw}{dh}$ ergeben sich aus der Neigung der Tangente an der betreffenden Stelle der Kurve. Mit den Werten $\dfrac{\gamma}{\gamma_w}$, w und $\dfrac{dw}{dh}$ sind (s. Zahlentafel) die Werte $\dfrac{\lambda}{d}\ \dfrac{w^2}{2g}\ \dfrac{\gamma}{\gamma_w}$ und nach Gl. (25) die Werte $\dfrac{dp}{dh}$ berechnet worden. Daneben sind die Werte von $\dfrac{dp}{dh}$ eingetragen, die sich aus der durch Versuch festgestellten p-h-Kurve ergeben. Man erkennt, daß eine sehr gute Uebereinstimmung vorhanden ist.

In Abb. 30 sind außerdem die Kurven der Relativluftgeschwindigkeit und der absoluten Luftgeschwindigkeit eingetragen worden. Der Verlauf der Kurve $v_L = f(h)$ ist der gleiche wie in den Abb. 16 und 17, bei welchen die Werte durch Versuch festgestellt wurden: die Relativluftgeschwindigkeit sinkt zuerst und nimmt dann wieder zu. Die absolute Luftgeschwindigkeit dagegen nimmt fast über die ganze Steigrohrlänge hin zu. In Abb. 30 (und in der folgenden Abb. 31) findet man ferner die beim Eintritt in das Fußstück und beim Eintritt in das Steigrohr auftretenden Verluste durch entsprechende Strecken wiedergegeben.

In gleicher Weise wurde Versuch 8 ausgewertet, bei welchem der höchste Wirkungsgrad erreicht wurde. Die entsprechenden Zahlenwerte enthält Zahlentafel 12, die Schaulinien zeigt Abb. 31. Auch hier ist sehr gute Uebereinstimmung zwischen den berechneten Werten von $\frac{dp}{dh}$ und den aus dem Versuch ge-

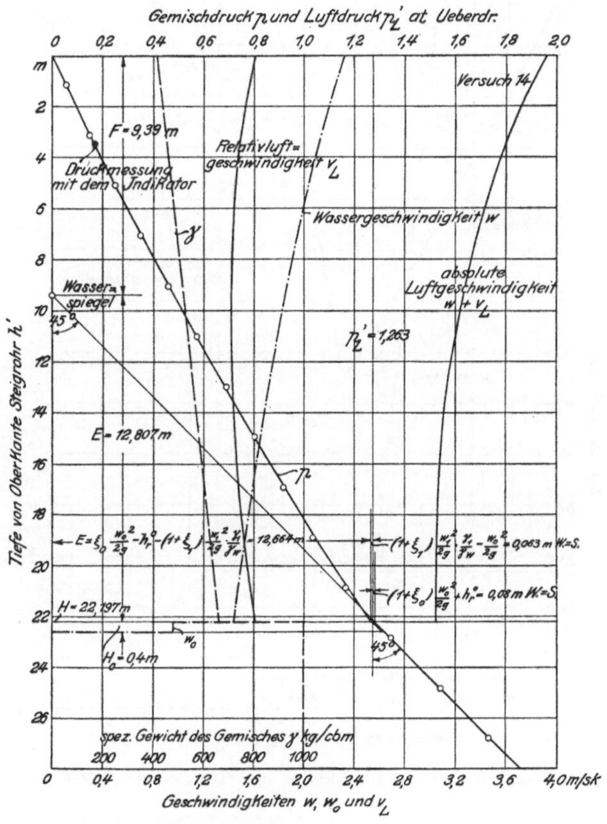

Abb. 30. Darstellung der Geschwindigkeits- und Druckverhältnisse bei Versuch 14.

Zahlentafel 12.
Genaue Auswertung von Versuch 8.

Tiefe von Oberkante Steigrohr $h' = H - h$ m	$\frac{\gamma}{\gamma_w}$	Gemisch- (Wasser-) geschwindigkeit w m/sk	$\frac{dw}{dh'}$ aus der Kurve $w = f(h)$ ermittelt	$\frac{w}{g}\,\frac{\gamma}{\gamma_w}\,\frac{dw}{dh}$	$\frac{\lambda}{d}\,\frac{w^2}{2g}\,\frac{\gamma}{\gamma_w}$	$\frac{dp}{dh}$ berechnet	$\frac{dp}{dh'}$ aus der Kurve $p = f(h)$ ermittelt
0	0,474	1,141	0,0264	0,00146	0,01104	0,486	0,482
4	0,517	1,047	0,0222	0,00122	0,01012	0,528	0,530
8	0,560	0,967	0,0191	0,00105	0,00936	0,570	0,568
12	0,604	0,897	0,0159	0,00088	0,00870	0,614	0,610
16	0,647	0,837	0,0141	0,00078	0,00809	0,656	0,656
20	0,690	0,785	0,0112	0,00062	0,00760	0,698	0,699
22,2	0,712	0,761	0,0101	0,00056	0,00738	0,720	0,720

fundenen Werten vorhanden, so daß der Beweis als erbracht gelten darf, daß die beiden Annahmen mit einer für die Praxis hinreichenden Genauigkeit zutreffen. Von der genauen Auswertung der übrigen Versuche ist abgesehen worden, da bei allen Versuchen ein ähnlicher Druckverlauf vorhanden ist, so daß ein gleiches Ergebnis zu erwarten ist. Versuch 8 ist als zweites Beispiel ausgewählt worden, da bei diesem Versuch der höchste Wirkungsgrad erreicht wurde.

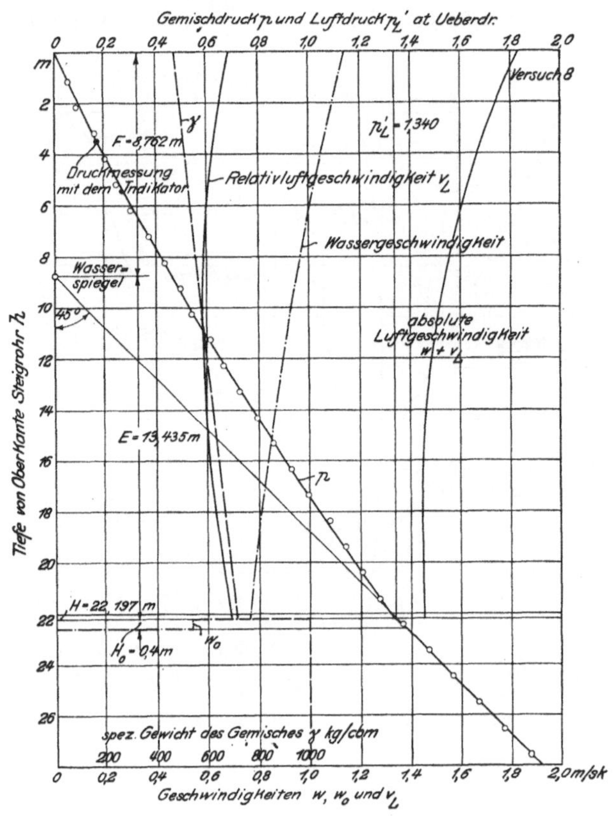

Abb. 31. Darstellung der Geschwindigkeits- und Druckverhältnisse bei Versuch 8.

Zahlentafel 13.

Versuche zur Ermittlung der Relativluftgeschwindigkeit bei der Mammutpumpe. Ergebnisse.

Versuch Nr.	Relativluftgeschwindigkeit v m/sk	mittlere Gemischgeschwindigkeit w_m m/sk	absolute Luftgeschwindigkeit $w_m + v$ m/sk	$\dfrac{w_m}{w_m + v}$
6	0,357	0,209	0,566	0,369
7	0,548	0,670	1,218	0,549
8	0,69	0,941	1,631	0,577
9	0,84	1,113	1,953	0,571
10	0,96	1,304	2,264	0,576
11	1,10	1,370	2,470	0,555
12	1,27	1,578	2,848	0,554
13	1,46	1,723	3,183	0,542
14	1,61	1,800	3,410	0,528

Es ist nunmehr erwiesen, daß die Relativluftgeschwindigkeit in der geschilderten Weise aus den Versuchen berechnet werden kann. Die sich ergebenden Werte von v, Zahlentafel 13, sind in Abb 32 in Abhängigkeit vom sekundlichen Luftgewicht aufgetragen. Als wesentlichstes Ergebnis ist es zu bezeichnen, daß die Relativluftgeschwindigkeit weit höhere Werte annimmt, als bisher vermutet worden ist. Bei Versuch 14 erreicht sie 1,61 m/sk, und es zeigt sich tatsächlich eine stetige Zunahme von v mit dem Luftgewicht. Das Steigen der Relativluftgeschwindigkeit wird dadurch bewirkt, daß die Zahl der großen Luftblasen in der Zeiteinheit zunimmt (vergl. S. 32). In Abb. 32 sind außerdem die Werte $v = \dfrac{v_1 + v_2}{2}$ aus den Versuchen 2 bis 5 eingetragen worden, und man sieht, daß sich die Messungen der beiden Versuchsreihen in vorzüglicher Weise ergänzen. Sobald die Förderung des Wassers beginnt, steigt v weniger rasch mit der Luftmenge als vorher. Dies ist erklärlich, da das in das Steigrohr eintretende Wasser den Zufluß der Luft unterbricht und die Ausbildung größerer Luftblasen erschwert.

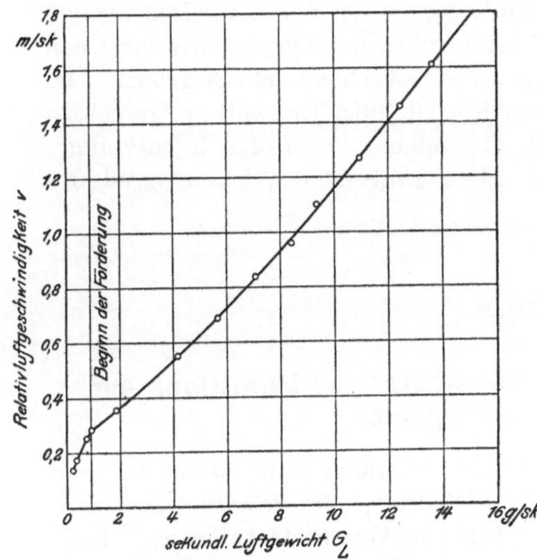

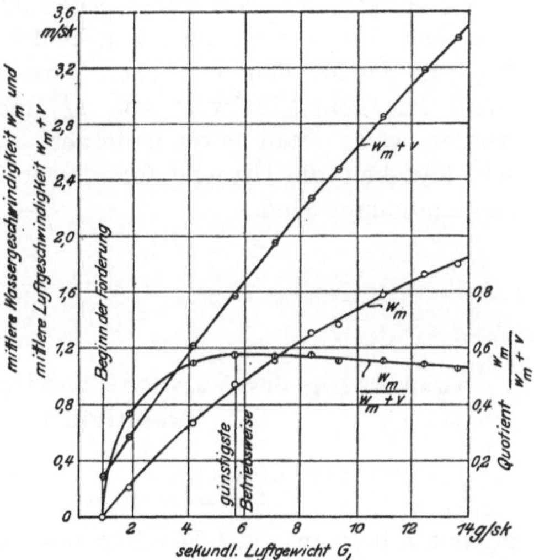

Abb. 32. Abhängigkeit der Relativluftgeschwindigkeit von der Luftmenge.

Abb. 33. Abhängigkeit der Wasser- und Luftgeschwindigkeit vom Luftgewicht.

In Zahlentafel 13 sind außerdem die nach Gl. (21) berechneten Werte der mittleren Wassergeschwindigkeit w_m sowie die Werte $w_m + v$ und $\dfrac{w_m}{w_m + v}$ angegeben. $w_m + v$ stellt annähernd die mittlere absolute Luftgeschwindigkeit dar. Tatsächlich ist sie etwas kleiner, da der Mittelwert von v_L kleiner als v ist. Da es sich im Folgenden aber nur um einen prozentualen Vergleich handelt, so genügt es, mit den Werten $w_m + v$ zu rechnen. Abb. 33 zeigt mittlere Wassergeschwindigkeit, mittlere Luftgeschwindigkeit und das Verhältnis beider in ihrer Abhängigkeit vom sekundlichen Luftgewicht. Aus dieser Auftragung wird es klar, warum die Pumpe gerade bei $G_L = 5{,}66$ g/sk am günstigsten arbeitet: weil bei dieser Luftmenge das Verhältnis der mittleren Wassergeschwindigkeit zur mittleren Luftgeschwindigkeit seinen Höchstwert erreicht. Dies ist auch einleuchtend, denn bei einem bestimmten Verhältnis $\dfrac{w_m}{w_m + v}$ fließt auf 1 ltr Wasser ein bestimmtes Luftgewicht durch das Steigrohr der Pumpe. Wird das Verhältnis $\dfrac{w_m}{w_m + v}$ kleiner, so muß entweder die Wassermenge bei derselben Luft-menge kleiner sein, oder es muß bei derselben Wassermenge die Luftmenge größer sein. In jedem Falle würde aber der spezifische Luftbedarf, der für den Wirkungsgrad der Pumpe maßgebend ist, größer ausfallen, und es muß daher der höchste Wirkungsgrad mit dem Höchstwerte von $\dfrac{w_m}{w_m + v}$ annähernd zusammenfallen. Genau kann die Uebereinstimmung nicht sein, da die Reibungs-verluste eine, wenn auch bei diesen Geschwindigkeiten nur sehr geringe Rolle spielen. Sieht man von den Reibungsverlusten ab, so läßt sich zeigen, daß der Wirkungsgrad einer Mammutpumpe, bezogen auf verlustlose isothermische Kom-pression, annähernd durch das Verhältnis $\dfrac{w_m}{w_m + v}$ dargestellt wird. Die isother-mische Kompression muß hier als Vergleichsmaßstab herangezogen werden, da auch die Expansion praktisch isothermisch erfolgt. Der Höchstwert von $\dfrac{w_m}{w_m + v}$ beträgt 0,577 nach Abb. 33, der Wirkungsgrad der Pumpe bei Versuch 8 ist 0,568, bezogen auf verlustlose isothermische Kompression der Luft. Der geringe Unterschied von 0,011 zwischen beiden Werten rührt von den Reibungsverlusten her. Er würde, den wirklichen Verhältnissen entsprechend, etwas größer sein, wenn mit dem Mittelwert von v_L und nicht mit dem Endwert v gerechnet worden wäre. Man erkennt ferner, daß die hohen Werte der Relativluftge-schwindigkeit die Ursache für den bekanntlich schlechten Wirkungsgrad der Mammutpumpe sind.

IV. Abschnitt.

Auswertung der Versuche anderer Beobachter zur Ermittlung der Relativluftgeschwindigkeit.

Im vorigen Abschnitt ist eine Theorie der Mammutpumpe abgeleitet wor-den, eine Vorausberechnung ist aber nur möglich, wenn die Relativluftgeschwin-digkeit v bekannt ist. Die Versuche des vorigen Abschnitts haben die Größe dieser Geschwindigkeit nur für ganz bestimmte Verhältnisse ergeben. Allgemein ist die Berechnung einer Mammutpumpe auf Grund der angegebenen Theorie erst möglich, wenn bekannt ist, wie die Größe v durch die lichte Weite des Steigrohres sowie durch das Verhältnis der Eintauchtiefe zur Förderhöhe $E:F$ beeinflußt wird. Auch ergibt sich aus den angestellten Versuchen noch nicht, wie sich v bei noch weiterer Steigerung der Luftmenge verhält. Um über diese Fragen nach Möglichkeit Aufschluß zu bekommen, wurden alle in der Literatur bekannt gewordenen Versuche benutzt, um aus ihnen nach dem angegebenen Verfahren die Relativluftgeschwindigkeit zu berechnen.

Für die Auswertung sind zunächst die Versuche von Josse[1] herangezogen worden. In Zahlentafel 14 sind ·für diese Versuche alle für die Ausrechnung von v erforlichen Größen sowie die berechneten Werte von v selbst enthalten. Die Versuche sind an die Versuche des Verfassers anschließend fortlaufend nu-meriert. Die Werte von v für die Versuche 15 bis 29 sind in Abb. 34 in Ab-hängigkeit vom sekundlichen Luftgewicht aufgetragen worden. Dasselbe Schau-bild enthält auch die eigenen Versuchswerte. Man erkennt, daß sich die Ver-

----

[1] L.-N. 10.

suche in vorzüglicher Weise ergänzen, und daß, wie es zu erwarten war, eine weitere Steigerung der Luftmenge eine Vergrößerung von v mit sich bringt. Ein Vergleich der für $d = 70$ und $d = 78$ mm gefundenen Werte zeigt, daß ein merk-

Zahlentafel 14.
Auswertung der Versuche von Josse, Z. d. V. d. I. 1898.

Versuch Nr.	Versuchs-ort	lichte Weite des Steigrohres d	Eintauch-tiefe E	Förder-höhe F	Verhältnis $E : F$	geförderte Wasser-menge V_w	sekundl. Luftgewicht G_L	Relativ-luftge-schwindig-keit v
		mm	m	m		ltr/sk	g/sk	m/sk
15		70	21,09	15,41	1,37	3,60	10,75	1,26
16		»	20,87	15,63	1,34	5,25	20,00	2,03
17		»	20,78	15,72	1,32	5,71	25,90	2,68
18		»	22,235	14,265	1,56	3,87	11,37	1,59
19	Maschinenbaulaboratorium Charlottenburg	»	21,76	14,74	1,48	5,66	20,45	2,01
20		»	21,705	14,795	1,47	6,00	25,10	2,64
21		»	18,89	17,61	1,07	2,97	11,75	1,40
22		»	18,56	17,94	1,03	4,30	19,85	1,94
23		»	18,45	18,05	1,02	4,75	26,60	2,94
24		78	21,735	14,765	1,47	5,50	17,58	1,72
25		»	21,695	14,805	1,47	5,84	20,02	1,98
26		»	21,52	14,98	1,44	6,07	26,70	2,63
27		»	18,43	18,07	1,02	4,55	20,64	1,84
28		»	18,39	18,11	1,01	5,12	26,70	2,50
29	Bostrowo	51	92,0	61,6	1,49	2,76	16,00	1,17
30	Zwickau	192	19,3	13,69	1,41	67,90	228,0	1,66
31	Glogau	160	28,92	13,08	2,21	37,35	131,3	4,91
32	»	»	28,31 (28,92)	13,69 (13,08)	2,07 (2,21)	46,00	170,7	4,51 (5,12)
33	»	»	28,92	13,08	2,21	48,75	200,0	5,82
34	»	»	28,92	13,08	2,21	50,40	258,5	8,24

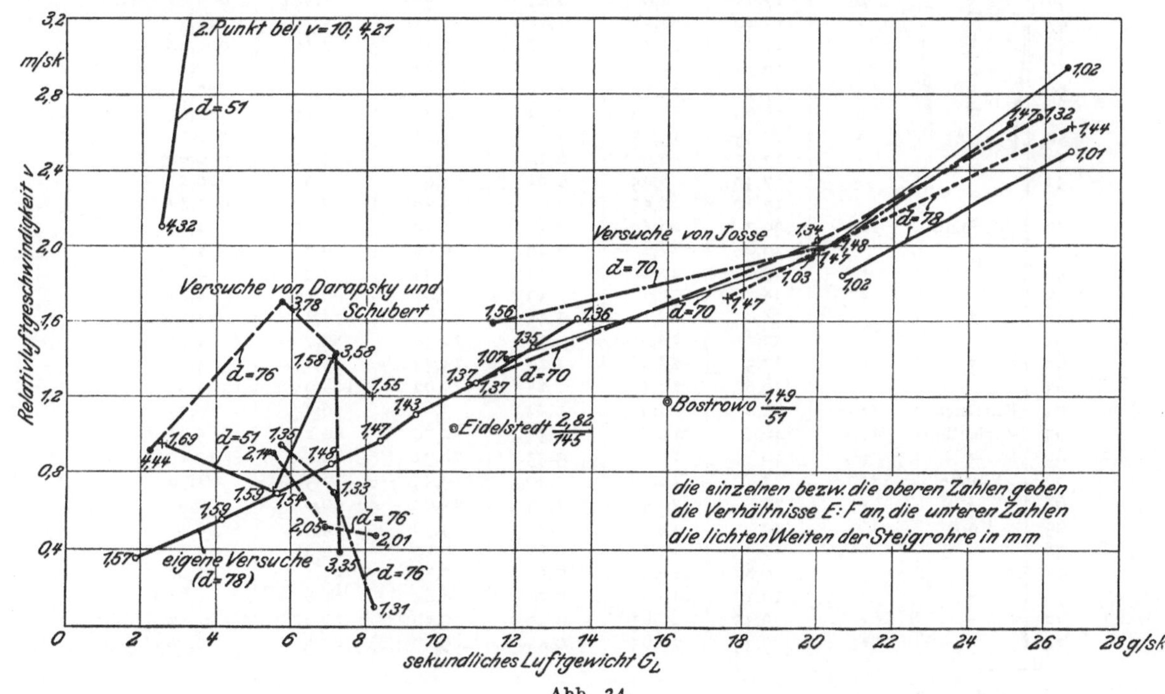

Abb. 34.

barer Einfluß des Steigrohrdurchmessers nicht vorhanden ist. Auch erkennt man, daß die Geschwindigkeit v nicht von den absoluten Werten der Eintauchtiefe und der Förderhöhe abhängt. Ebenso scheint in den hier vorkommenden Grenzen das Verhältnis $E:F$ ohne wesentlichen Einfluß auf die Größe von v zu sein. Nur die Versuche 27 und 28 deuten an, daß eine Verringerung des Verhältnisses $E:F$ auch eine Verringerung der Relativluftgeschwindigkeit zur Folge hat. Auf die Versuche 30 bis 34 sei erst später eingegangen.

In der folgenden Zahlentafel 15 sind für die Versuche von Darapsky und Schubert[1]) die Geschwindigkeiten v angegeben. Die Werte von v für die Versuche 35 bis 55 sind gleichfalls in Abb. 34 eingetragen. Diese Versuche scheinen

Zahlentafel 15.
Auswertung der Versuche von Darapsky und Schubert, Z. d. V. d. I. 1906.

Ver-such Nr.	Versuchs-ort	lichte Weite des Steigrohres d	Eintauch-tiefe E	Förder-höhe F	Verhältnis $E:F$	geförderte Wasser-menge V_w	sekundl. Luftgewicht G_L	Relativ-luftge-schwindig-keit v
		mm	m	m		ltr/sk	g/sk	m/sk
35		51	17,05	3,95	4,32	1,679	2,526	2,10
36		»	16,96	4,04	4,20	2,240	5,59	—
37		»	16,93	4,07	4,16	2,384	7,09	—
38		»	16,97	4,03	4,21	2,240	7,95	>10
39		»	13,20	7,80	1,69	1,105	2,568	≈0,95
40		»	12,90	8,10	1,59	2,475	5,555	≈0,7
41	Hamburg (Deseniss & Jacobi)	»	12,85	8,15	1,58	2,61	7,04	≈1,4
42		»	12,75	8,25	1,55	2,85	8,13	≈1,2
43		»	8,05	12,95	0,62	1,79	5,56	negativ
44		»	7,95	13,05	0,61	2,134	7,04	»
45		»	7,45	13,55	0,55	2,35	8,14	»
46		76	17,75	4,00	4,44	1,567	2,234	≈0,91
47		»	17,20	4,55	3,78	4,215	5,75	≈1,7
48		»	17,00	4,75	3,58	5,78	7,17	≈1,42
49		»	16,75	5,0	3,35	7,23	7,30	0,39
50		»	17,70	13,10	1,35	1,482	5,75	≈0,94
51		»	17,60	13,20	1,33	2,75	7,13	0,69
52		»	17,45	13,35	1,31	4,485	8,23	≈0,10
53		»	17,55	8,2	2,14	2,984	5,515	≈0,90
54		»	17,30	8,45	2,05	4,60	6,90	≈0,51
55		»	17,20	8,55	2,01	5,365	8,27	≈0,47
56	St. Pauli	108	39,7	26,5	1,50	4,165	41,35	4,24
57	»	»	39,0	27,2	1,43	6,665	49,6	4,26
58	»	»	39,0	27,2	1,43	8,34	57,9	4,61
59	»	»	38,5	27,7	1,39	10,00	66,1	4,72
60	»	»	38,0	28,2	1,35	11,11	74,4	4,86
61	»	»	37,6	28,6	1,32	12,50	82,7	4,78
62	»	»	37,3	28,9	1,29	14,33	91,0	4,23
63	»	»	36,8	29,4	1,25	16,67	108,9	4,08
64	Eidelstedt	145	24,8	8,8	2,82	3,618	10,33	0,93
65	Marienthal	100	40	12	3,33	12,50	40,1	5,97
66	»	»	40	12	3,33	16,91	80,0	10,17
67	Völpke	150	37	28,5	1,30	19,33	76,5	1,74
68	»	»	35	30,5	1,15	25,0	90,0	0,90
69	Korff	102	14	16	0,88	5,30	32,9	2,41
70	»	»	10,9	19,1	0,57	7,50	49,45	1,93
71	»	»	10,87	19,13	0,57	7,80	53,1	2,06
72	»	»	10,10	19,9	0,51	8,84	65,8	1,88
73	»	»	9,35	20,65	0,45	9,50	79,0	1,12
74	»	»	9,35	20,65	0,45	9,50	91,8	2,00

[1]) L.-N. 3.

wenig zuverlässig zu sein. Die ersten vier Versuche ergeben außerordentlich hohe Werte von v. Allerdings ist hierbei $E:F$ größer als 4, aber nach den Versuchen von Josse und vom Verfasser ist ein so starker Einfluß von $E:F$ nicht zu erwarten. Verfasser neigt der Ansicht zu, daß bei diesen Versuchen Luft am unteren Ende des Fußstückes ausgetreten ist, die natürlich die Relativluftgeschwindigkeit zu groß erscheinen läßt. Die Möglichkeit des Entweichens von Luft ist, wie im vorigen Abschnitt gezeigt wurde, dadurch gegeben, daß die Luft periodisch das Wasser in das Fußstück zurückdrückt. Die damit in Verbindung stehenden Druckschwankungen werden um so größer sein, und der Wasserspiegel im Fußstück wird jedesmal um so tiefer fallen, je größer das Verhältnis $E:F$ ist, da mit $E:F$ die im Steigrohr enthaltene Wassermasse ansteigt, die zu ihrer Beschleunigung bei Geschwindigkeitsänderungen eine größere Kraft und daher einen höheren Druck erfordert. Somit ist die Gefahr des Entweichens von Luft am Fußstück um so eher vorhanden, je größer $E:F$ ist. Bestätigt wird die Vermutung des Entweichens von Luft durch die Versuche 39 bis 42, die bei fast genau denselben Werten von F und $E:F$ ausgeführt wurden wie die Versuche 6 bis 14 des Verfassers. Trotz geringeren Rohrdurchmessers ergeben sich größere Geschwindigkeiten als bei den Versuchen 6 bis 14. (Der kleinere Durchmesser könnte höchstens eine Verkleinerung der großen Luftblasen und damit eine Verringerung von v bewirken.) Außerdem nimmt v nicht stetig mit dem Luftgewicht zu, wie bei allen Versuchsreihen von Josse und vom Verfasser, vielmehr ist die Kurve $v = f(G_L)$ eine Zickzacklinie. Die folgenden Versuche 43 bis 45 ergeben negative Werte für v, sind also ganz und gar unzuverlässig. Die weiteren Versuche 46 bis 55 ergeben wieder keine stetigen Kurven für v. Aus der Auftragung ist aber zu ersehen, daß sich die Versuchspunkte gleichmäßig um die vom Verfasser gefundene Kurve gruppieren, so daß hierin eine gewisse Uebereinstimmung zu erblicken ist.

Möglicherweise haben die erhaltenen Abweichungen darin ihre Ursache, daß die Luft dem Steigrohr in anderer Weise zugeführt wurde als bei dem Borsigschen Fußstück, s. Abb. 9. Es ist durch die Versuche von Josse[1]) nachgewiesen worden, daß die Bauart des Fußstückes einen nicht unerheblichen Einfluß auf den Wirkungsgrad der Mammutpumpe hat, und zwar hat sich das Borsigsche Fußstück, welches auch die untersuchte Pumpe hat, überlegen gezeigt. Diese Ueberlegenheit hat wahrscheinlich darin seinen Grund, daß sich kleinere Luftblasen ausbilden, so daß die Relativluftgeschwindigkeit kleiner ausfällt.

Die bei größerer Luftmenge ausgeführten Versuche 56 bis 74 (mit Ausnahme von Versuch 64, der in Abb. 34 eingetragen ist) ergeben die in Abb. 35 in Abhängigkeit vom Luftgewicht dargestellten Werte von v. Auch die Ergebnisse der Versuche 30 bis 34 der Zahlentafel 14 sind in derselben Abbildung wiedergegeben. Es ist auffallend, daß bei Versuch 32 die Eintauchtiefe einen anderen Wert hat als bei den übrigen Versuchen dieser Reihe, da die Förderung des Wassers aus einem Flusse erfolgte, dessen Wasserspiegel sich nicht plötzlich ändern kann. Es wurde daher die Rechnung auch für den Wert $E:F = 2{,}21$, wie er bei den anderen Versuchen vorhanden ist, durchgeführt. Die entsprechende Kurve ist gestrichelt gezeichnet. Sie ist wahrscheinlicher als die andere ausgezogene Kurve, da bei jener die Relativluftgeschwindigkeit mit der Luftmenge stetig zunimmt.

---

[1]) L.-N. 10.

Eine aus Abb. 34 sich ergebende mittlere Kurve von $v = f(G_L)$ ist in Abb. 35 strichpunktiert eingetragen. Man sieht, daß sich diese Versuche mit den Versuchen in St. Pauli und den Versuchen in Glogau gut zu einer Kurve vereinigen lassen. Die drei letzten Versuche in St. Pauli dürften nicht ganz zuverlässig sein. Trägt man nämlich für die ganze Versuchsreihe die geförderte Wassermenge in Abhängigkeit von der Luftmenge auf, entsprechend Abb. 20, so

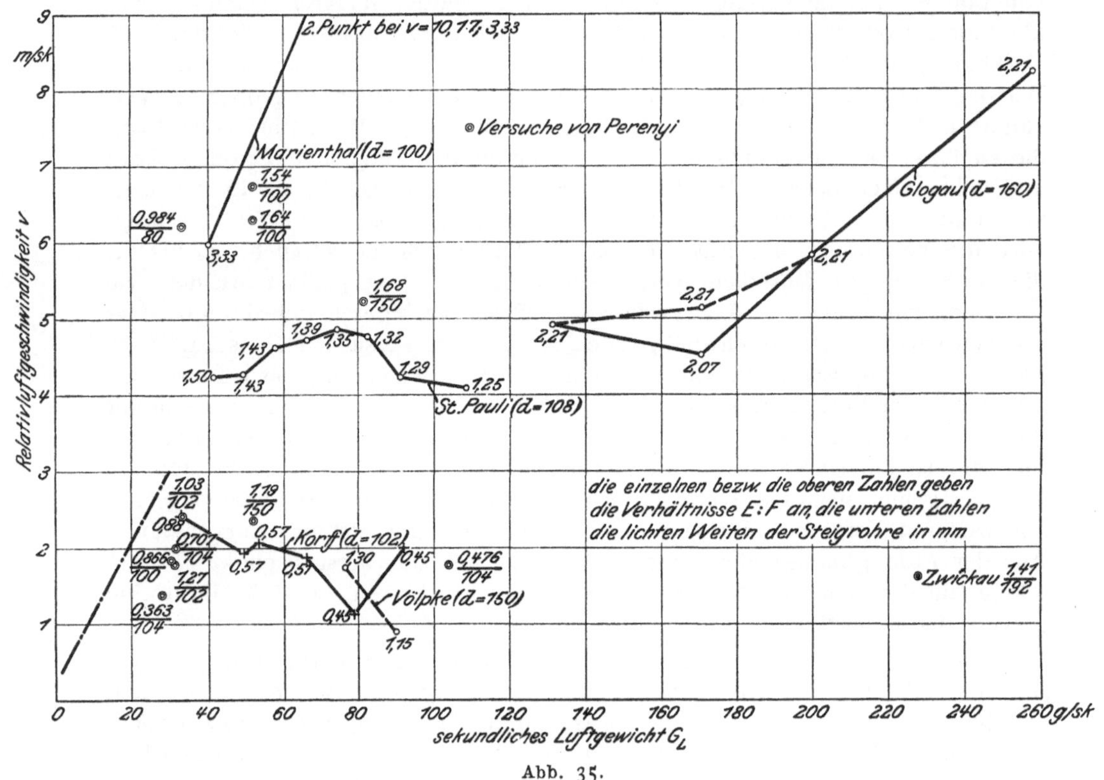

Abb. 35.

erhält man eine Kurve, die anfangs nach unten, dann aber nach oben gekrümmt ist. Ein solcher Verlauf der Kurve ist sonst nie gefunden worden, und es ist daher wahrscheinlich, daß bei den letzten drei Versuchen die Wassermenge kleiner, bezw. die Luftmenge größer ist. Damit würden sich aber höhere Werte von v und ein stetiger Verlauf der Kurve von v ergeben.

Die Versuche in Marienthal ergeben sehr hohe Werte von v, die unwahrscheinlich sind. Vielleicht ist die Absenkung des Wasserspiegels bei Förderung von Wasser nicht berücksichtigt worden, da bei beiden Versuchen dieselben Werte für die Eintauchtiefe angegeben sind, während bei dem zweiten Versuch die Eintauchtiefe kleiner sein müßte (wenigstens wenn es sich um die Förderung von Grundwasser handelt).

Die Versuche in Völpke liefern dagegen zu geringe Werte von v, die außerdem mit zunehmendem Luftgewicht abnehmen.

Die Versuche in Korff zeigen, daß eine erhebliche Abnahme der Relativluftgeschwindigkeit eintritt, wenn die Eintauchtiefe wesentlich kleiner als die Förderhöhe ist. Die Gesetzmäßigkeit ist aber aus diesen Versuchen schwer festzustellen.

In dieselbe Abb. 35 sind die Werte von v nach Versuchen von Perényi,

Zahlentafel 16, eingetragen. Es handelt sich hier um Ergebnisse von neun verschiedenen Pumpen. Nur eine dieser Pumpen besitzt ein außerhalb des Steigrohres liegendes Luftrohr, bei den übrigen Pumpen liegt das Luftrohr im Innern des Steigrohres und ist unten stumpf abgeschnitten. Die äußeren Durchmesser der Luftrohre sind in der Zahlentafel in der dritten Spalte eingeklammert angegeben.

Zahlentafel 16.

Auswertung der Versuche von Perényi, Journal für Gasbeleuchtung 1911.

Versuch Nr.	Versuchs-ort	lichte Weite des Steigrohres d	Eintauch-tiefe E	Förder-höhe F	Verhältnis $E : F$	geförderte Wasser-menge V_w	sekundl. Luftgewicht G_L	Relativ-luftge-schwindig-keit v
		mm	m	m		ltr/sk	g/sk	m/sk
75		104 (−26)	13,97	38,53	0,363	1,937	28,08	1,37
76		104	24,18	50,82	0,476	9,445	104,1	1,76
77		104 (−45)	(38,50)	54,50	0,707	2,070	31,24	2,00
78	Tieſbrunnenanlage der Ungarischen Staatsbahn	100 (−26)	27,00	31,20	0,866	5,105	30,42	1,84
79		80 (−26)	(29,75)	30,25	0,984	1,341	33,20	∞6,2
80		102 (−26)	25,24	24,46	1,03	5,280	33,34	2,42
81		102 (−26)	21,30	16,80	1,27	(8,66)	31,19	1,77
82		100 (−26)	(48,46)	31,54	1,54	4,205	51,9	6,74
83		100 (−26)	44,67	27,33	1,64	6,21	51,9	6,29
84		150 (−26)	(38,00)	32,00	1,19	(4,812)	51,9	2,35
85		150 (−26)	(43,89)	26,11	1,68	(6,155)	81,3	5,22

Die erhaltenen Werte von v zeigen wenig Gesetzmäßigkeit. Zum Teil dürfte dies daher rühren, daß bei einigen Versuchen die Eintauchtiefe sowie die Wassermenge nicht genau gemessen werden konnten (die betreffenden Werte sind eingeklammert). Die bei diesen Versuchen erhaltenen Geschwindigkeiten sind daher unsicher. Die Abweichungen können auch dadurch hervorgerufen sein, daß die Luft nicht durch ein Fußstück zugeführt wird.

Einige der Versuche von Perényi zeigen wie die Versuche in Korff, daß eine Abnahme von $E : F$ eine Abnahme von v bewirkt. Es ist dies erklärlich, da mit $E : F$ das mittlere spezifische Gewicht des Gemisches und damit der Auftrieb sinkt, den die Luft erfährt.

Bei Vergleich aller in Abb. 35 enthaltenen Versuchswerte kommt man wieder zu dem Schluß, daß die Steigrohrweite sowie Eintauchtiefe und Förderhöhe selbst keinen nennenswerten Einfluß auf die Relativluftgeschwindigkeit haben.

Obwohl es schwer ist, aus den erwähnten Versuchen ein Bild über die Veränderlichkeit von v mit $E : F$ zu gewinnen, ist es versucht worden, in Abb. 36 diese Veränderlichkeit darzustellen. Es ist dabei von der Voraussetzung ausgegangen worden, daß für ein bestimmtes Luftgewicht die Kurve $v = f (E : F)$ stetig verläuft. Für ein Luftgewicht von weniger als 12 g/sk ist v für kleinere Werte von $E : F$ größer als für größere Werte. Dies ist aus den Versuchen 1 bis 5 gefolgert worden. Die Auftragung in Abb. 32 ergibt nämlich eine stärkere Zunahme der Luftgeschwindigkeit mit dem Luftgewicht, bevor Wasserförderung eintritt, als nachher. Wäre also das Steigrohr der Pumpe nach oben hin länger gewesen, wobei $E : F$ kleinere Werte annehmen würde, so hätten sich für den Beginn der Förderung größere Werte von v ergeben, als bei dem vorhandenen größeren Verhältnis $E : F$. Die Werte von v für $E : F = 1$, 0,5 und 0,3 sind schätzungsweise durch Extrapolation bestimmt worden.

Es muß ferner betont werden, daß die Kurven der Abb. 36 nur Gültigkeit haben, wenn die Pumpe mit ihrem günstigsten Wirkungsgrade oder annähernd mit diesem arbeitet. Alle Versuchsreihen an ein und derselben Pumpe, die

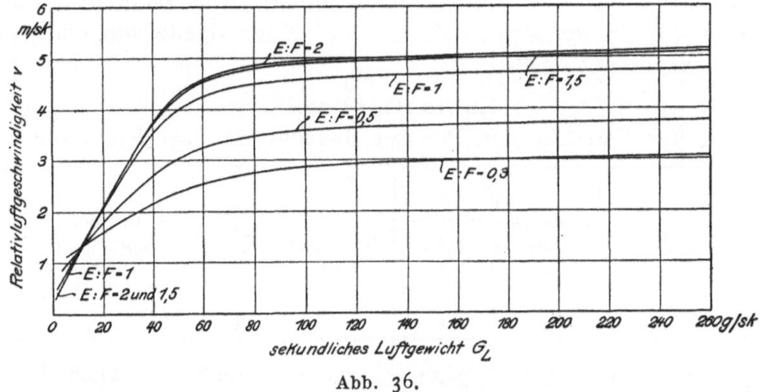

Abb. 36.

sich als zuverlässig erwiesen haben, ergeben nämlich, daß die Kurve $v = f(G_L)$ nach oben hin konkav ist (vergl. Abb. 34 und 35). Die Relativluftgeschwindigkeit nimmt also mit der Luftmenge immer stärker zu. Die Gesetzmäßigkeit dieser Zunahme konnte aus den wenigen zuverlässigen Versuchsreihen nicht ermittelt werden. Es wären hierzu weitere sorgfältige Versuche erforderlich, und auch die Werte von v für größere Luftmengen müßten durch weitere Versuche ergänzt bezw. berichtigt werden. Ehe diese aber nicht vorliegen, können die die Werte von v aus Abb. 35 wenigstens für eine nach Möglichkeit angenäherte Vorausberechnung von Mammutpumpen benutzt werden.

Es sei indessen betont, daß es für die Aufgabe, eine bestimmte Wassermenge auf eine bestimmte Höhe zu heben, unendlich viele Lösungen gibt, da sowohl die Eintauchtiefe als auch die lichte Weite des Steigrohres in gewissen Grenzen beliebig angenommen werden können. In jedem Falle ist der Pumpe ein bestimmtes Luftgewicht zuzuführen, um die gewünschte Wasserförderung zu erreichen.

Die aufgestellte Berechnungsweise der Mammutpumpe allein genügt nicht, die beste Lösung zu finden; es läßt sich aber mit Hülfe dieser Theorie ein graphisches Verfahren entwickeln, welches die günstigste Lösung für eine bestimmte Wassermenge und Förderhöhe zu ermitteln gestattet. Diese Untersuchungen sind aber schwierig und umfangreich und bilden außerdem eine Aufgabe für sich. Die Lösung dieser Frage sei daher einer späteren Arbeit vorbehalten.

Literaturnachweis.

1) H. Lorenz, Die Arbeitsweise und Berechnung der Druckluft-Flüssigkeitsheber, Zeitschrift des Vereines deutscher Ingenieure 1909 S. 545 ff.

2) Folke-Rasmussen, Die Wirkungsweise der Preßluftpumpen (Mammutpumpen), Dinglers Polytechnisches Journal 1908 S. 548 ff.

3) Darapsky und Schubert, Die Wirkungsweise der Preßluftpumpen, Zeitschrift des Vereines deutscher Ingenieure 1906 S. 2062 ff. und S. 2093 ff.

4) W. Karbe, Die Arbeitsweise und Berechnung der Mammutpumpen (Druckluftflüssigkeitsheber), Journal für Gasbeleuchtung 1912 S. 323 ff. und S. 350 ff. (Dissertation).

5) M. L. Jannin, Théorie de l'aspiration pneumatique des liquides, Révue de Mécanique 1909 S. 439 ff.

6) A. Perényi, Ueber die Anwendungsweise der Druckluft zum Wasserheben, Journal für Gasbeleuchtung 1911 S. 527 ff. und S. 574 ff.

7) A. O. Müller, Messung von Gasmengen mit der Drosselscheibe, Mitteilungen über Forschungsarbeiten Heft 49.

8) Hütte, des Ingenieurs Taschenbuch, 21. Auflage.

9) R. Biel, Der Druckhöhenverlust bei der Fortleitung tropfbarer und gasförmiger Flüssigkeiten, Zeitschrift des Vereines deutscher Ingenieure 1908 S. 1035 ff und S. 1065 ff.

10) E. Josse, Druckluftwasserheber, Zeitschrift des Vereines deutscher Ingenieure 1898 S. 981 ff.

Untersuchungen an einer 10 t-Meßdose.

Auszug aus der Dissertationsarbeit:

Einfluß der Spaltbreite und der Deckelstellung auf die Kraftanzeige einer Meßdose.

Von Dr.-Ing. **Robert Szitnick.**

I. Einleitung.

Bei zahlreichen Aufgaben der technischen Physik und der Praxis ist das Streben, eine einfache und dabei doch hohen Ansprüchen genügende Einrichtung zur Kraftmessung zu finden, unverkennbar. Für hydraulisch angetriebene Kraftmaschinen lag es nahe, den Flüssigkeitsdruck zur Bestimmung der Kraft zu verwenden. So entstand die Meßdose, bei der die Stulpdichtung durch eine Membrane zur Abdichtung des Flüssigkeitsraumes ersetzt wurde.

Emery[1] hat den Weg, die Meßdose als Kraftmesser für die verschiedenartigsten Fälle zu benutzen, zuerst beschritten. Er wollte die zu messende Kraft in Flüssigkeitsdruck umsetzen und diesen mit Hülfe einer Wage eigener Bauart bestimmen[2].

Es ist das Verdienst von A. Martens[3], umfassende systematische Versuche über die Wirkungsweise und Konstruktionsbedingungen der Meßdose angestellt zu haben. Ihm verdankt man auch eine wesentlich vereinfachte, handliche Bauart, die den im Prüfungswesen gestellten praktischen Anforderungen genügt, so daß es gelungen ist, diesem Meßgerät in den verschiedenartigsten Gebieten einen festen Platz zu sichern.

Immerhin aber besteht noch eine Reihe von Fragen bezüglich des Einflusses mancher Einzelglieder dieses Meßgerätes auf eine genaue Messung, die der Lösung harren.

Lebasteur und Arnould berichten schon 1894 im Commission d'essay[4]: »Eine grundsätzliche Unzuträglichkeit ist die Unbestimmtheit der Auswertung der Kraft; der Querschnitt der Platten oder vielmehr deren wirksame Oberfläche

---

[1] Patentschriften von Albert Hamilton Emery in New York aus dem Jahr 1884, Kl. 42 Sr. 27520, 27590, 27591, 29086 und 29611. A. Martens, Z. d. V. d. I. 1890 S. 1027; 1895 S. 241.

[2] A. Martens, Z. d. V. d. I 1890 S. 1027; 1895 S. 241.

[3] A. Martens, Z. d. V. d. I. 1890 S. 1027; 1895 S. 241. A. Martens, Handbuch der Materialienkunde, Berlin, Julius Springer. S. 550 bis 563. Mitteilungen, Heft 38.

[4] Commission des méthodes d'essai des Matériaux de construction, Paris, Rothschild, Bd. II S. 356.

ist unmeßbar, weil man den Anteil des freien, ringförmigen Teils der Membrane an der Uebertragung nicht kennt.«

Wenn man sich auch geholfen hat, indem man für jede Meßdose versuchsmäßig einen Kraftmaßstab aufstellte, und wenn sich die Meßdose bis auf den heutigen Tag trotz der Unkenntnis der wirksamen Deckelfläche die weitesten Gebiete erobert hat, bleibt es doch zu wünschen, Näheres über den Anteil des Dosenbleches an der Kraftübertragung zu erfahren.

Der Konstruktionsgrundsatz der Martensschen Meßdose sei kurz gekennzeichnet:

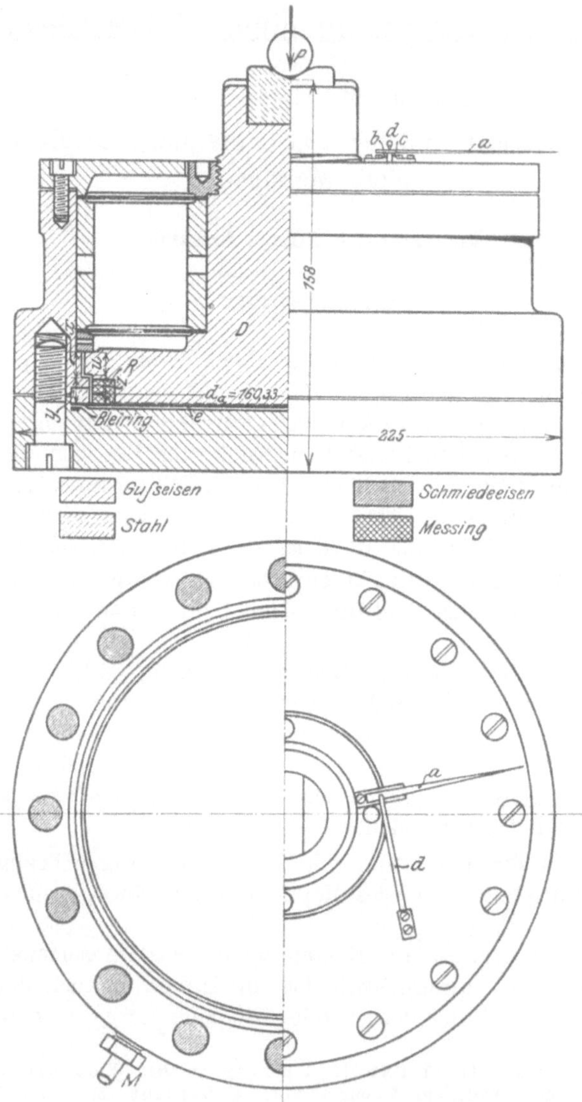

Abb. 1 und 2. Meßdose von Martens. Maßstab 1 : 3.

Die zu messende Kraft P wird zentrisch auf den zylinderförmigen Deckel D der Meßdose, Abb. 1 und 2, übertragen. Deckel D stützt sich, durch ein Messingblech abgedichtet, auf die allseitig abgeschlossene Druckflüssigkeit e und bewirkt hier eine Drucksteigerung, die an einem mit dem Flüssigkeitsraum in

Verbindung stehenden Meßgerät M (Manometer) zur Anzeige gelangt. Die Größe des Flüssigkeitsdruckes p ist dann ein Maß für die zu bestimmende Kraft P.

Versuche an Meßdosen sind in erschöpfender Weise von A. Martens durchgeführt und in seiner Arbeit[1]: »Die Meßdose als Kraftmesser in der Materialprüfmaschine« zusammengefaßt worden.

II. Beschreibung der Versuchsanordnung und der Versuchsapparate.

Ueber den allgemeinen Gang zur Durchführung der Versuche sei Folgendes bemerkt.

Die Untersuchungen sollten einen Einblick in den Einfluß der Deckelstellung und der Spaltbreite[2] auf die Kraftanzeige und die Bestimmung der wirksamen Deckelfläche geben. Zu diesem Zwecke wurde die Meßdose in dem Kontrollstabprüfer, einer Prüfungsmaschine mit unmittelbarer Gewichtbelastung, deren Konstruktion wohl als bekannt vorausgesetzt werden darf[3], von Tonne zu Tonne belastet, und zwar wurden die Untersuchungen für 10 verschiedene Spaltbreiten, beginnend mit der kleinsten, durchgeführt und für jede Spaltbreite Belastungen von 0,315 bis 10 t in 10 verschiedenen Deckelstellungen, stets mit der höchsten Stellung anfangend, vorgenommen.

Die Stellung des Deckels oder die Aenderung des Deckelweges wurde an dem noch zu erläuternden Deckelweganzeiger in Einheiten des Uebersetzungsverhältnisses am Anfang und am Ende jeder Belastungsreihe (0,315 und 10 t) abgelesen. Diese Ablesungen ergeben kleine Unterschiede, hervorgerufen durch noch in der Druckflüssigkeit vorhandene winzige Luftmengen und Formänderungen, aus denen als »mittlere Deckelstellung« der Mittelwert benutzt wurde.

Der jeder Kraft P entsprechende, im Innern der Dose herrschende Flüssigkeitsdruck p (at) wurde mit Fernrohr an einem Martensschen Spiegelmanometer (vergl. die folgende Beschreibung auf S. 55) abgelesen. Für jede der 10 Spaltbreiten von 0,35 bis 8,7 mm sind je 3 Parallelversuchsreihen in den 10 verschiedenen Deckelstellungen durchgeführt worden, die zwischen der höchsten und der tiefsten Lage des Dosenbleches systematisch verändert wurden.

Von besonderen — hier nicht erwähnten — Tastversuchen abgesehen, sind also insgesamt rd. 3×100 Versuchsreihen für Belastung (0 bis 10 t) durchgeführt worden, die den Zusammenhang zwischen den folgenden Veränderlichen aufhellen sollen:

Es sei

P die wahre Kraft (kg oder t), welche auf die Meßdose wirkt, erzeugt durch unmittelbare Gewichtbelastung mittels des Kontrollstabprüfers,

p die durch Kraft P (kg) in der Dosenflüssigkeit erzeugte Flüssigkeitspressung in at, gemessen durch ein geeichtes Martenssches Spiegelmanometer,

---

[1] s. Fußbemerkung 3 auf der vorigen Seite.

[2] Unter Spaltbreite ist der Abstand des beweglichen Deckels D vom inneren Zylinderrand an der untersten Stelle, unter Deckelstellung die relative Lage des beweglichen Deckels zum festen Gehäuse und damit zusammenhängend die Durchbeulung des Meßdosenbleches zu verstehen.

[3] Vergl. »Das Königliche Materialprüfungsamt der Technischen Hochschule Berlin«, Denkschrift von A. Martens und M. Guth, Berlin, Jul. Springer.

4*

$s = \dfrac{d_a - d_i}{2}$ die freie Spaltbreite der Meßdose (mm), wobei,

d_a der Innendurchmesser des Gehäuses (mm),

d_i der Durchmesser des Deckels (Kolbens) (mm),

$\dfrac{s}{a}$ das Verhältnis der Spaltbreite zur Dosenblechstärke,

h die Höhenlage (Durchbeulung) des Dosenbleches (Membrane) oder die Deckelstellung.

1) Konstruktion und Abmessungen der Meßdose.

Bei der großen Zahl der Versuchsreihen ist es nicht möglich, diese Zahlentafeln hier sämtlich zu bringen. Die Originalversuchzahlen (Tafeln 1 bis 104) befinden sich im II. Teil meiner Dissertationsarbeit, während hier nur die aus diesen erhaltenen Mittelwerte an den betreffenden Stellen im Text eingefügt sind.

Für die Versuche wurde eine 10 t-Meßdose, Bauart Martens, von der Maschinenfabrik Augsburg-Nürnberg, Abb. 1 und 2, benutzt, die für verschiedene Kraftmessungen im Materialprüfungsamt im Gebrauch war und mir für die Untersuchungen freundlichst zur Verfügung gestellt wurde. Sie hat eine wirksame Deckelfläche $F =$ rd. 200 qcm und kann mit $P = 10$ t oder einer Flüssigkeitsspannung $p = 50$ at beansprucht werden.

Das eingebaute Meßdosenblech, das sich trotz vieljährigen, starken Betriebes noch in gutem Zustande befand, so daß es vorläufig nicht ausgewechselt zu werden brauchte, war ein ausgeglühtes Messingblech, dessen Stärke mit Hülfe einer Brown & Sharpeschen Mikrometerschraube zu $a = 0{,}205$ mm festgestellt wurde.

Der innere Zylinderdurchmesser des Meßdosengehäuses wurde mit Hülfe des Abbé-Zeißschen Komparators an der untersten Stelle für 4 etwa unter 45^0 gelegene Durchmesser zu $d_a = 160{,}33$ mm gefunden.

Die Höhenmaße der Absätze des Dosenkörpers x, y und des Deckels z, u wurden durch Messungen von $x + y$, y, $z + u$ und u mit Hülfe einer Mikrometerschraube des Amtes an 20 Stellen des Umfanges bestimmt und ergaben folgende Werte:

$$x = 10{,}04 \text{ mm}$$
$$y = 9{,}76 \text{ »}$$
$$u = 9{,}62 \text{ »}$$
$$z = 10{,}08 \text{ »}$$

2) Aenderung der Spaltbreite.

Zur Aenderung der Spaltbreite wurde auf das untere Ende des Deckels D ein Messingring R aufgepreßt, der nach und nach vor den einzelnen Versuchsreihen um ein gewisses Maß abgedreht wurde, um verschiedene Deckelflächen F und Spaltbreiten s zu erhalten. Die Versuche erstreckten sich auf Spaltbreiten s, die so zwischen $s = 0{,}35$ mm bis $s = 8{,}73$ mm verändert wurden.

Von einer Weiterführung bis zum Bruch konnte abgesehen werden, da Versuche zur Feststellung der Bruchgrenze bei verschiedenen Meßdosenblechen schon früher von A. Martens durchgeführt und in den »Mitteilungen über Forschungsarbeiten«, Heft 38, veröffentlicht worden sind. Unter Zugrundelegung dieser Arbeit würde der Bruch des benutzten Bleches erst bei 13 mm Spaltbreite erfolgen.

3) Deckelspiel und Aenderungen der Deckelstellung.

Zur Vergrößerung des Deckelspieles (Deckelhubes) nach oben wurde auf den Absatz A, Abb. 3 und 4, ein Ring von 0,3 mm starkem Messingblech aufgelegt, so daß der Deckel in seiner höchsten Lage um diesen Betrag höher stand als vorher. In der tiefsten Stellung setzt er sich auf den Absatz B fest auf. Das Spiel beträgt somit im ganzen

$$x + 0{,}3 - u = 10{,}04 + 0{,}3 - 9{,}62 = \mathbf{0{,}72\ mm}.$$

In der höchsten Lage steht die untere Deckelfläche um

$$y + 0{,}72 - z = 9{,}76 + 0{,}72 - 10{,}08 = \mathbf{0{,}40\ mm}$$

höher als die untere Kante des Meßdosengehäuses; in der tiefsten Lage um

$$z - y = 10{,}08 - 9{,}76 = \mathbf{0{,}32\ mm}$$

tiefer als diese.

Zur Bestimmung der jeweiligen Stellung des Deckels wurden drei in gleichen Abständen am Umfange der Meßdose verteilte 0,5 mm dünne Stahlblechzeiger a, Abb. 1, verwendet und diese auf der Ober- und Unterseite weiß, auf den beiden schmalen Kanten schwarz lackiert. Die Ablesung erfolgte stets an der

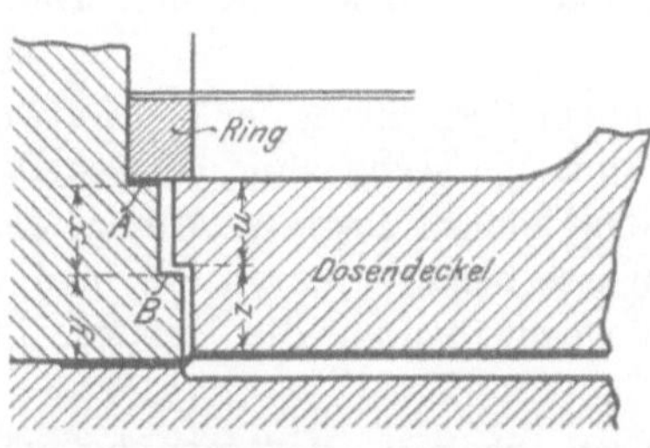

Abb. 3. Höchste Deckelstellung.

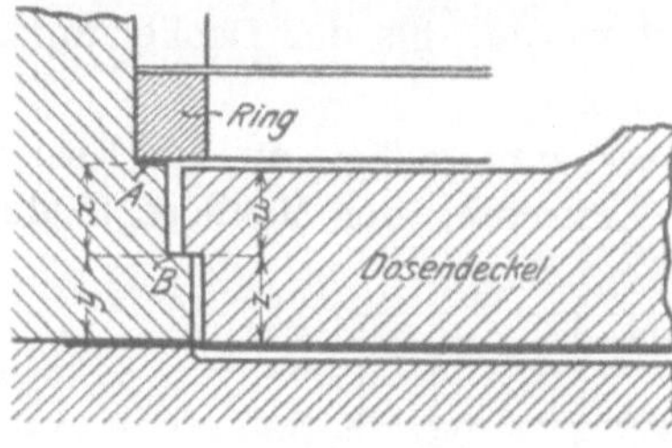

Abb. 4. Tiefste Deckelstellung.

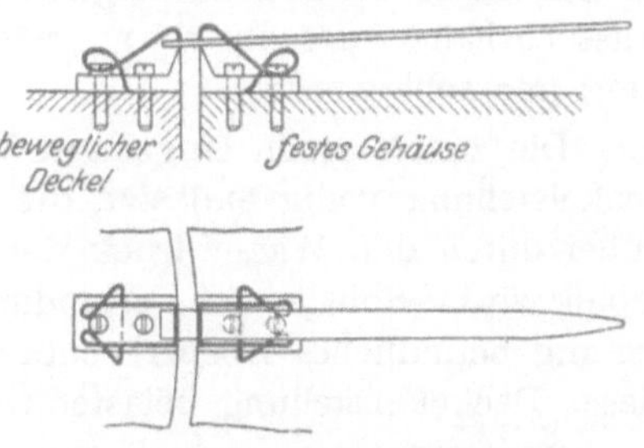

Abb. 5 und 6. Deckelwegzeiger.

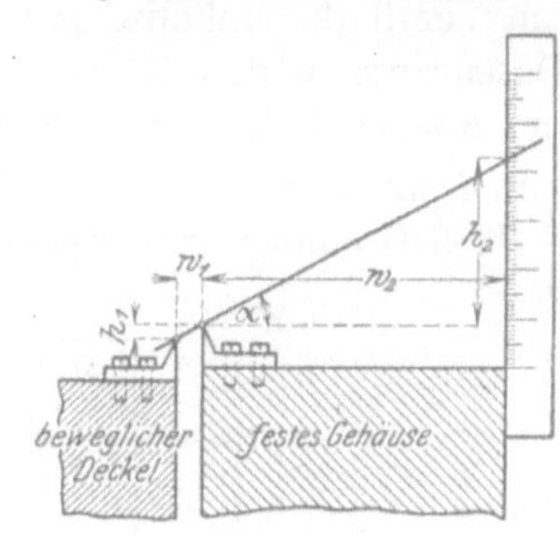

Abb. 7.

oberen Kante, wobei durch den verschiedenfarbigen Anstrich und eine gewisse Breite des Zeigerblattes die Parallaxe vermieden wurde, da es so leicht möglich war, das Auge stets mit der oberen, ebenen Fläche des Zeigers in eine zur Skalenebene senkrechte Ebene zu bringen. Um eine genaue Anzeige zu erhalten, mußte dafür Sorge getragen werden, daß der Zeiger mit gelindem, möglichst gleichbleibendem Druck in allen Höhenstellungen an die Schneiden angepreßt wurde.

Der Zeiger wurde auf jede Schneide durch je eine kleine Stahldrahtfeder, Abb. 5 und 6, gedrückt, die ihre Lage zur Schneide nicht veränderte, weil sie mit ihr selbst verbunden war, während sich der am unteren Ende polierte Zeiger zwischen Feder und Schneide entsprechend den verschiedenen Lagen des Deckels verschieben konnte.

Die Bewegungen des Zeigers a wurden an einem einfachen senkrecht stehenden Millimetermaßstab abgelesen und zeigten nach besonderer Feststellung des Uebersetzungsverhältnisses ohne weiteres die Verstellungen des Deckels an, Abb. 7.

$$\mathrm{tg}\,\alpha = \frac{h_1}{w_1} = \frac{h_2}{w_2}\;;\quad h_1 = h_2\,\frac{w_1}{w_2}.$$

Das Uebersetzungsverhältnis wurde in besonderen Versuchen durch Messung zu $^1/_{64}$ ermittelt.

Wichtig ist ferner die Feststellung, welche Deckelweganzeige der Stellung entspricht, in der das Dosenblech eben liegt, d. h. weder nach oben noch nach unten eine Ausbeulung erleidet.

Diese Lage, $0{,}32$ mm über der tiefsten Deckelstellung, sei im folgenden als »ebene Lage des Meßdosenbleches« bezeichnet[1]).

Aenderungen der Deckelstellung. Der Nachweis, daß die höchste und tiefste Deckelstellung erreicht wurden, ist durch folgende Feststellung geführt worden. Die verschiedenen Deckelstellungen wurden so erzielt, daß der zur Aufnahme der Druckflüssigkeit dienende Dosenraum mit einem verstellbaren Wasserbehälter, der um $3{,}5$ m gehoben und gesenkt werden konnte, in Verbindung gebracht wurde.

Die zum Versuch eingebaute Meßdose wurde zur Erreichung der höchsten Deckelstellung völlig entlastet, die Verbindung zum Wasserbehälter hergestellt, wobei durch den Wasserdruck der Deckel in seine höchste Lage, s. Abb. 3, gehoben wird. Sobald die Verbindung mit dem Wasserbehälter durch ein in der Leitung befindliches Absperrventil unterbrochen wurde, konnte die Meßdose in dieser Deckeleinstellung belastet werden.

Die tiefste Deckeleinstellung wurde dadurch erhalten, daß man bei geöffnetem Ventil die Meßdose mit 1 t belastete, wodurch die Druckflüssigkeit aus dem Dosenraum in den Behälter zurückgedrückt wurde, bis der Deckel unten auf dem Ansatz B, Abb. 3, aufsitzt.

Um festzustellen, ob die Höhe von $3{,}5$ m überhaupt genügt, um den Deckel in die Höchststellung zu drücken, wurde nach Entlastung der Meßdose in der

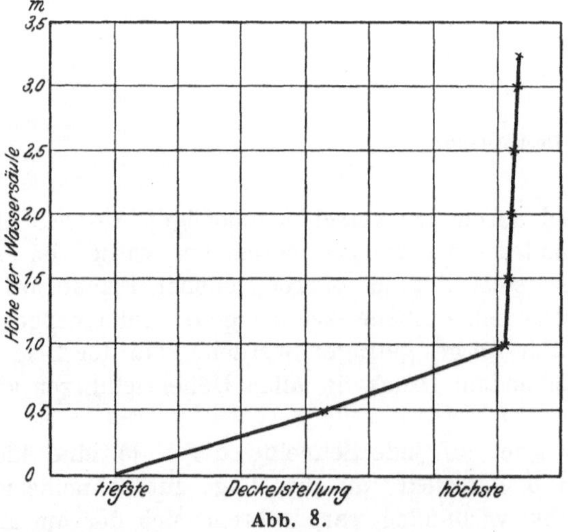

Abb. 8.

---

[1]) Die zahlenmäßige Bestimmung der einzelnen Deckelstellungen befindet sich auf S. 64.

tiefsten Lage der Wasserbehälter von 0,5 zu 0,5 m höher gestellt und die Deckelstellung nach Oeffnen des Ventiles an der Deckelweganzeige abgelesen.

Diese in Abb. 8 aufgetragenen Werte und der scharfe Knick in der Kurve zeigen deutlich, daß bereits eine Höhe von etwa 1 m Wassersäule genügt, um die höchste Deckelstellung zu erreichen. Die folgenden geringen Zunahmen von wenigen Zehnteln der Anzeige, die ein Uebersetzungsverhältnis von 1 : 64 hat, können zum Teil von einem Durchbiegen des Deckels nach oben herrühren, zum Teil auch davon, daß sich der Deckel nicht sofort, sondern erst nach und nach überall gleichmäßig anlegt.

4) Feinmessung hydrostatischer Drücke mittels Martensschen Spiegelmanometers.

Zur Druckmessung wurde der großen Genauigkeit und Empfindlichkeit wegen ein Martenssches Spiegelmanometer verwendet, daß die in Abb. 9 bis 11 erläuterte Einrichtung darstellt, wie sie in der »Denkschrift« [1]), S. 295 Abb. 226, beschrieben ist. Es beruht auf dem wohl als bekannt vorauszusetzenden Grund-

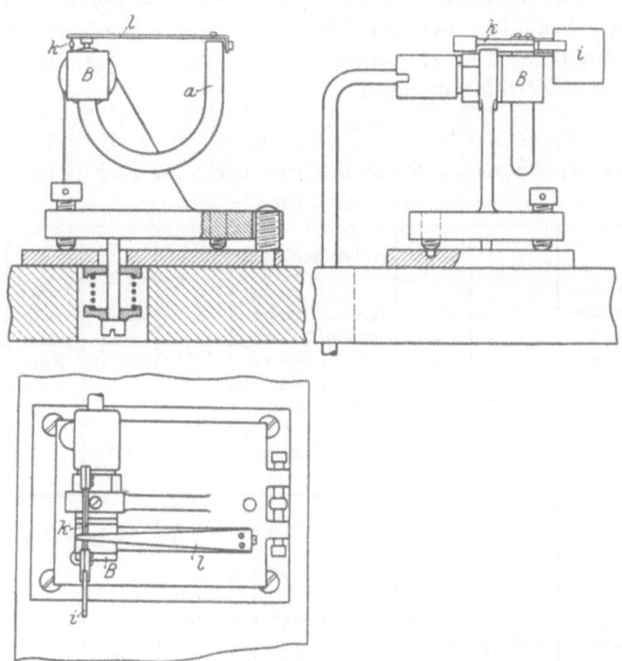

Abb. 9 bis 11. Spiegelmanometer von Martens.

satze der Martensschen Spiegelapparate, die zur Messung der Formänderungen für Festigkeitsversuche benutzt werden. Wie dort die Formänderungen des Probestabes, so werden hier die der Bourdon-Feder a des Hochdruckmanometers mittels einer Uebertragungsfeder l der Schneide k übermittelt, wodurch der mit dieser fest verbundene versilberte Glasspiegel um die untere Schneidenkante in Drehung versetzt wird.

Mit Hülfe eines Fernrohres werden die Werte der den Drücken entsprechenden Formänderungen der Bourdon-Feder an einer Millimeterteilung bestimmt.

[1]) Vergl. »Das Königliche Material-Prüfungsamt der Technischen Hochschule Berlin «, von A. Martens und M. Guth, Berlin, Jul. Springer.

— 56 —

Bei Aufstellung von Maßstab und Fernrohr wurde stets darauf geachtet, daß die Sehlinie bei der Belastung null von Spiegelmitte aus senkrecht zum Ablesemaßstab lag und stets auf die gleiche Ablesung (2500) eingestellt wurde. Auf diese Weise sind für die Eichung dieselben Versuchsbedingungen wie bei den Versuchen selbst gewährleistet.

Das benutzte Manometer war für einen Druck bis 100 at bestimmt, die Schneidenbreite des benutzten Spiegels Nr. 28 betrug im Mittel 4,548 mm. Um die ganze Länge des Maßstabes von 500 cm ausnutzen zu können, wurde der Abstand des Maßstabes von Mitte Spiegelstärke (bezw. Spiegelbelag) zu 1250,8 mm gewählt, entsprechend einer Uebersetzung von 1 : 5500, sofern man die geschätzten Ablesungseinheiten (Zehntel Millimeter) als Einheiten rechnet. Zur Feststellung etwaiger Fehler, die durch Bewegung des ganzen Systemes im Raume entstehen können, war ein fester Spiegel an dem festen Teil *B*, Abb. 11, des Manometerfederkörpers angebracht. Wesentliche Veränderungen sind hier während der Versuche nicht wahrgenommen worden.

Eine Verbesserung der Fehler bei den Ablesungen am Spiegelmanometer, die sich infolge der Ablesung am geraden Maßstab ergeben (vergl. Martens, Handbuch S. 53), brauchte bei den Untersuchungen nicht vorgenommen zu werden, da das Manometer unter denselben Bedingungen geeicht wurde, wie es beim Versuche zur Verwendung kam.

Zahlentafel I. (Protokollblatt Nr. 179).

3. Eichung des Spiegelmanometers mit der Stückrathschen Druckwage.

Belastung an der Druckwage × 10 in kg	Ablesungen am Spiegelmanometer in $^1/_{5500}$ mm bei Zeigerbewegung		Mittel	Δ Mittel	Ablesungen am festen Spiegel in Skaleneinheiten	Ablesungen am Manometer Nr. 099 zur ungefähren Nachprüfung in Grad	Zeit	Zimmerwärme °C	Umdrehung des Kolbens u	Bemerkungen
	aufwärts	abwärts								
1	2	3	4	5	6	7	8	9	10	
0,0	−461				4227	0,0	9^{07}	22,4	11,5	Vor Beginn
2,5	− 4	−4	−4	457		14,3				des Versuches
5,0	450	448	449	453		28,9				einmal bis
7,5	896	890	893	444		43,6	9^{22}			60 at belastet
10,0	1333	1330	1331,5	438,5		58,2	9^{40}			und Leitungen
12,5	1768	1767	1767,5	436,0		73,0				neu gefüllt.
15,0	2198	2196	2197	429,5		87,8				
17,5	2627	2627	2627	430,0		102,9				
20,0	3055	3055	3055	428,0		117,8	10^{02}			
22,5	3482	3482	3482	427,0		132,8				
25,0	3910	3910	3910	428,0		148,3		22,5		Zeiger steigt
27,5	4342	4341	4341,5	431,5		163,6	10^{15}			in 1½' 1 cm
30,0	4779	4776	4777,5	436,0	4225	178,8	10^{23}		12,0	
27,5	4352	4350	4351	426,5		163,6				
25,0	3928	3926	3927	424,0		148,6				
22,5	3503	3501	3502	425,0		132,9				
20,0	3080	3078	3079	423,0		117,9	10^{43}			
17,5	2653	2651	2652	427,0		103,0				
15,0	2228	2225	2226,5	425,5		87,8		22,5		Zeiger fällt in
12,5	1797	1795	1796	430,5		73,0				1' 10'' 1 cm
10,0	1358	1358	1358	438,0		58,2	11^{00}			
7,5	918	917	917,5	441,5		43,5				
5,0	467	467	467	450,5	4225	29,1		22,6		
2,5	+ 8	+8	+8	459,0		14,3				
0,0	−458					0,0	11^{25}		12,0	

Die Eichung des Spiegelmanometers erfolgte mit der Stückrathschen Druckwage[1].

Es wurden 3 Eichungen des Spiegelmanometers durchgeführt, in der Art, wie es Zahlentafel I, Protokollblatt 179 veranschaulicht, die erste vor Beginn der Hauptversuche (im Juli 1910), die zweite zwischen den Versuchen (im Dezember 1910) und die letzte nach Beendigung der Ergänzungsversuche (Mai 1911).

Die Zusammenstellung dieser Eichungen befindet sich in Zahlentafel II. Die Belastung an der Druckwage erfolgte an dem großen Hebelarm; in die erste Spalte sind die Belastungsgewichte eingetragen, nachdem sie, entsprechend dem Hebelarmverhältnis (1 : 10) mit 10 multipliziert sind. Die Umrechnung in Atmosphären erfolgte mit dem zu 0,4998 qcm ermittelten Kolbenquerschnitt. Die Werte der Eichungen 1 und 3 sind Mittel aus je drei, die der zweiten Eichung aus 5 Versuchsreihen. Bei Eichung 1 fehlen die Werte zwischen 50 und 60 at, weil nicht vorauszusehen war, daß sie bei den Versuchen (für 10 t Belastung und rd. 200 qcm Deckelfläche) über 50 at gebraucht werden würden.

[1] Vergl. G. Klein, Untersuchung und Kritik von Hochdruckmessern, Dissertationsarbeit, Berlin 1909.

Zahlentafel II.

Zusammenstellung der 3 Eichungen des Spiegelmanometers.

Belastung an der Druckwage ×10 in	Umrechnung in	Zeit der Eichung			Mittel aus a—b—c in $^1/_{5500}$ mm	Abweichungen in vH von Eichungen			Abweichungen des Mittels von den Einzeleichungen in vH		
		Juli 1910	Dezbr. 1910	Mai 1911			1	2			
		Gesamtmittel der Spiegelablesungen in $^1/_{5500}$ mm der Eichung				$\frac{b-a}{a} \cdot 100$	$\frac{c-a}{a} \cdot 100$	$\frac{c-b}{b} \cdot 100$	$\frac{d-a}{a} \cdot 100$	$\frac{d-b}{b} \cdot 100$	$\frac{d-c}{c} \cdot 100$
kg	at	1 (3 Reihen)	2 (5 Reihen)	3 (3 Reihen)							
		a	b	c	d	e	f	g	h	i	k
0	0	0	0	0							
2,5	5,002	451,8	455,1	458,0	455,0	0,73	1,37	0,64	0,71	—0,02	—0,65
5,0	10,003	894,8	907,9	912,0	904,9	1,47	1,92	0,45	1,14	—0,33	—0,78
7,5	15,005	1335,0	1353,3	1357,0	1348,4	1,37	1,65	0,27	1,00	—0,36	—0,63
10,0	20,006	1771,0	1790,3	1794,7	1785,3	1,09	1,34	0,25	0,81	—0,28	—0,52
12,5	25,008	2201,0	2223,9	2229,0	2217,7	1,03	1,27	0,23	0,76	—0,28	—0,51
15,0	30,010	2631,5	2655,0	2660,2	2648,9	0,89	1,09	0,20	0,66	—0,23	—0,42
17,5	35,011	3058,8	3084,4	3088,7	3077,3	0,84	0,98	0,14	0,61	—0,23	—0,37
20,0	40,013	3485,7	3514,1	3517,0	3505,6	0,81	0,90	0,08	0,57	—0,24	—0,32
22,5	45,014	3912,7	3940,8	3944,0	3932,5	0,72	0,80	0,08	0,51	—0,21	—0,29
25,0	50,016	4341,7	4369,8	4372,2	4361,2	0,65	0,70	0,05	0,45	—0,20	—0,25
27,5	55,018		4800,3	4803,5	(4792,1)[1]			0,07		—0,17	—0,24
30,0	60,019		5233,7	5237,2	(5225,7)[1]			0,07		—0,15	—0,15
27,5	55,018		4811,6	4811,8							
25,0	50,016	4341,7	4390,9	4387,7	4373,4						
22,5	45,014	3918,2	3966,8	3962,5	3949,2						
20,0	40,013	3496,0	3543,9	3540,0	3526,6						
17,5	35,011	3070,8	3117,3	3113,3	3100,5						
15,0	30,010	2645,5	2689,7	2687,0	2674,1						
12,5	25,008	2215,7	2260,1	2256,3	2244,0						
10,0	20,006	1784,3	1826,0	1820,3	1810,2						
7,5	15,005	1348,3	1386,5	1379,5	1371,4						
5,0	10,003	905,3	936,1	930,2	923,9						
2,5	5,002	454,5	478,4	470,8	467,9						
0		0	(12,4)	(5)	(58)						

[1] gebildet mit den Unterschieden aus Spalte e.

Aus der Zahlentafel II ersieht man, daß die Werte der drei zeitlich auseinanderliegenden Eichungen im Vergleich zueinander ständig zunehmen. Die Zunahmen gegenüber der ersten und zweiten Eichung sind in Prozenten in den Spalten e, f und g angegeben.

Diese Zunahmen sind zwischen der ersten und zweiten Eichung größer als zwischen der zweiten und dritten. Voraussichtlich wird der Zustand, in dem sich das Manometer bei der zweiten Eichung zeigt, bald nach Benutzung der Bourdon-Feder des Manometers für die Versuche, also kurz nach der ersten Eichung, eingetreten sein und ist in der Hauptsache dadurch zu erklären, daß die lange Zeit unbelastete Feder erst durch die fortgesetzte Beanspruchung bei den Versuchen in einen gleichbleibenden Zustand gebracht wurde. Ein Teil der Zunahmen hängt aller Wahrscheinlichkeit nach ebenso wie der geringe Zuwachs in der Zeit von der 2. bis zur 3. Eichung mit der Veränderung von Manometerfedern zusammen, die von dem Altern der Federn herrühren. Diese Erfahrung ist auch bei anderen Manometern gelegentlich von Nachprüfungen in bestimmten Zwischenräumen im Königl. Materialprüfungsamt gemacht worden, wie mir mitgeteilt wurde.

Man könnte nun zur Bestimmung der Manometerangaben aus den Auftragungen Zwischenwerte für die betreffenden Monate entnehmen. Im vorliegenden Falle wurde davon Abstand genommen und das Mittel aus den drei Eichungen dem Maßstabe zugrunde gelegt.

Die Abweichung des Mittels von den Einzeleichungen im Juli, Dezember 1910 und Mai 1911 ist in Prozenten in der Zusammenstellung (Zahlentafel II) in Spalte h, i, k angegeben und in Abb. 12 aufgetragen. Sie sind im allgemeinen

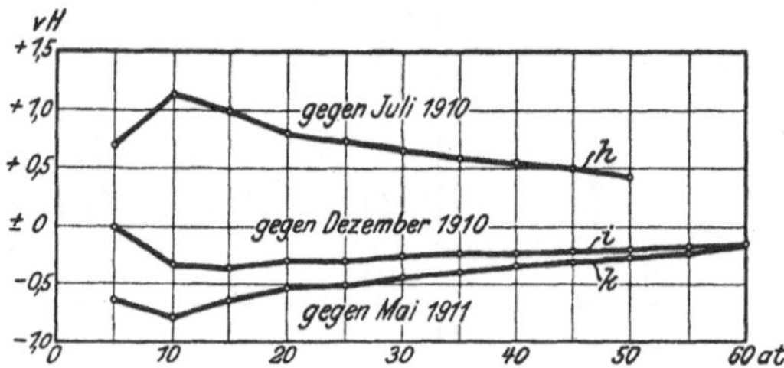

Abb. 12. Abweichungen des Mittels von den Einzeleichungen in vH.

kleiner als ein Prozent; das Mittel kommt den Werten der beiden letzten Eichungen sehr nahe. Die für die Untersuchungen benutzten Versuchsreihen stammen erst aus dem Oktober 1910 (die früheren sind zum größten Teil Vorversuche), so daß also der Fehler bei Benutzung des Mittelwertes noch kleiner ist.

Da aber bei den Versuchen die Unterschiede oft nur in den Schätzungseinheiten lagen und bei der sonst üblichen Auftragung zur Auffindung der Zwischwerte der Maßstab für das Diagramm sehr groß sein müßte, wurde eine Eichungstabelle aufgestellt. Hier wurden die zwischen den Versuchswerten (von 5 zu 5 at) liegenden Werte von je 0,1 at durch Interpolation gewonnen.

5) Einbau der Versuchsapparate.

Die Anschlüsse der Meßdose an das ölgefüllte Spiegelmanometer und den Wasserbehälter geschahen vorsichtig im Fließen, so daß hierbei das Eindringen von Luftbläschen nach Möglichkeit vermieden wurde. Den Einbau in den Kontrollstabprüfer zeigt Abb. 13. Hierin bezeichnet M die Meßdose, S das Spiegelmanometer. Rohrleitung L_1 kommt vom Wasserbehälter und wird durch

das Ventil V und Leitung L_3 mit der Dose in Verbindung gesetzt. Die Mano-
meterleitung L_2 steht mit Leitung L_3 und dadurch mit dem Dosenraum ständig
in Verbindung. Das Spiegelmanometer war abseits auf einem eigens hierfür
bestimmten besonderen Wandbrett befestigt.

Abb. 13. Versuchsanordnung.

III. Versuchsergebnisse.

Zur Beantwortung der in der Einleitung aufgeworfenen Fragen, die wirksame Deckelfläche für die verschiedenen Verhältnisse festzustellen, wurden die
Versuche systematisch für 10 verschiedene Spaltbreiten bei je 10 verschiedenen
Deckelstellungen, stets mit der höchsten beginnend, und Belastungen der Meßdose von Nullast bis 10 t durchgeführt und hierfür mittels Spiegelmanometers
die in der Meßdose auftretenden Flüssigkeitsdrücke in Atmosphären (durch
Eichung) ermittelt[1].

---

[1] Ein Protokollblatt für eine Versuchsreihe findet sich in Zahlentafel VII auf S. 73.

Für einen beliebigen Fall hatte man so die wirkliche Deckelfläche (durch Ausmessung) und die aus Belastung P und Flüssigkeitsdruck p berechnete wirksame Deckelfläche, in der der Anteil der von dem Dosenblech aufgenommenen Kraft enthalten ist.

Folgende Hauptfragen werden zunächst zu beantworten sein:

1) Läßt sich eine einfache Beziehung zwischen der Belastung P und dem zugehörigen Flüssigkeitsdrucke p aufstellen?

2) Wie ändert sich die Druckanzeige und die wirksame Deckelfläche bei verschiedener Spaltbreite und gleicher Deckelstellung?

3) Welche Aenderung der Druckanzeige und der wirksamen Deckelfläche verursachen bei einer und derselben Spaltbreite die verschiedenen Höhenlagen der Deckelstellung?

Aus den im II. Teil meiner Dissertationsarbeit befindlichen Versuchstafeln (1 bis 104), in denen die Beobachtungswerte niedergelegt sind, wurden die Mittelwerte gebildet und in Zahlentafel III auf Seite 61 für 10 t Belastung zusammengestellt. Hierin ist unter dem Ausdruck »mittlere Deckelstellung h_m« die aus den Versuchen mit verschiedenen Spaltbreiten sich ergebenden gleichen Lagen des Meßdosenbleches zu verstehen, die im einzelnen etwas voneinander abweichen, weshalb ihr Mittelwert genommen wurde.

Zur zahlenmäßigen Festlegung einer bestimmten Deckelstellung wurden erstens die Einheiten (mm) der früher beschriebenen Deckelweganzeige gewählt, wobei man beachten wolle, daß den höchsten Deckelstellungen die kleinsten Zahlen wegen der Umkehrung durch die Zeigerablesung entsprechen.

Da es aber von Wert ist, die diesen Zahlen entsprechenden wahren Stellungen des Deckels zu kennen, wurde die »ebene Lage« des Dosenbleches mit null, alle Stellungen über dieser Lage mit $+$ bezeichnet, allen tiefer liegenden Deckelstellungen das Vorzeichen $-$ gegeben.

Die entsprechenden Zahlenwerte für beide Arten der Bestimmung gibt folgende Zahlentafel wieder:

Werte von h_m.

Deckelweganzeige . . . mm	2,86	7,67	12,62	17,65	22,96	27,78	32,76	37,67	42,56	46,03
wahre Höhenlage bez. auf ebene Lage des Dosenbleches mm	+0,32	+0,25	+0,17	+0,09	+0,008	−0,07	−0,14	−0,22	−0,30	−0,35

Die Deckelstellung $h_m = 22{,}96$ mm Deckelweganzeige bezw. $+0{,}008$ wahre Höhe liegt also der »ebenen Lage« des Dosenbleches am nächsten.

Ferner ist zu bemerken, daß sämtliche Versuchswerte für p Vergleichswerte mit der Anfangsablesung darstellen, weil infolge des Gewichtes der Traverse usw. von 315 kg bei allen Versuchsreihen eine dieser Größe entsprechende Vorbelastung vorhanden war.

Die Gewichtsfehler für die Tonnengewichte des Kontrollstabprüfers betragen nach Feststellung des Eichamtes ± 200 g $= 0{,}2$ vT.

6) Hydraulisches Uebersetzungsverhältnis n.

Für den Konstrukteur dürfte es von Wert sein, zu wissen, welcher Kraft P eine gewisse Druckanzeige p bei gegebener Spaltbreite und Deckelstellung entspricht, bezw. wie sich dieses Verhältnis $\dfrac{P}{p}$ mit der Deckelstellung einerseits und mit der Spaltbreite anderseits ändert.

Zahlentafel III.
Zusammenstellung der Mittelwerte für den Flüssigkeitsdruck p aus den Zahlentafeln 1 bis 104 für 10 t Belastung bei 10 verschiedenen Spaltbreiten und 10 Deckelstellungen.

		0,35	0,72	1,72	2,72	3,74[1]	4,72	5,74	6,77	7,73	8,73
Spaltbreite s . . . . . . mm											
Spaltbreite $\dfrac{s}{a}$		1,7	3,5	8,4	13,4	18,2	23,0	28,0	33,0	37,7	42,6
Blechdicke a											
mittl. Durchm. $d_m = (d_a + d_i) : 2$ mm		159,98	159,61	158,60	157,60	156,59	155,61	154,60	153,57	152,60	151,60
$F_b = \dfrac{d_m^2 \pi}{4}$		201,0	201,1	197,5	195,1	192,6	190,2	187,7	185,2	182,9	180,5
$p_b = 10\,000 : F_b$		49,8	50,1	50,7	51,3	52,0	52,6	53,4	54,1	54,7	55,4
gemessener Durchmesser der Deckelfläche d_g		159,63	158,89	156,88	154,89	152,86	150,89	148,86	146,80	144,88	142,88
$\dfrac{d_g^2 \pi}{4} = F_g$		200,1	198,5	193,2	188,3	183,3	178,7	174,0	169,1	164,8	160,4
$1000 : F_g = p_g$		(50,1)	(50,4)	(51,8)	(53,2)	(54,6)	(56,0)	(57,6)	(59,2)	(60,7)	(62,3)
$h_{m1} = \dfrac{2,86^{[2]}}{+\,0,32}$ höchste Deckelstellung	p_{10} at	50,52	49,98	50,60	51,17	51,94 [51,82]	52,51	53,05	53,76	54,60	55,35
$h_{m2} = \dfrac{7,67}{+\,0,25}$	»	50,20	49,67	50,25	50,89	51,71 [51,59]	52,32	52,91	53,67	54,53	55,11
$h_{m3} = \dfrac{12,62}{+\,0\,17}$	»	49,96	49,54	49,98	50,71	51,58 [51,45]	52,18	52,79	53,57	54,37	55,07
$h_{m4} = \dfrac{17,65}{+\,0,09}$	»	49,09	49,47	49,94	50,55	51,40 [51,29]	52,02	52,68	53,46	54,29	54,98
$h_{m5} = \dfrac{22,96}{+\,0,008}$	»	48,99	49,47	50,02	50,49	51,25 [51,14]	51,91	52,58	53,34	54,20	54,86
$h_{m6} = \dfrac{27,78}{+\,0,07}$	»	48,83	49,38	50,10	50,29	51,16 [51,05]	51,81	52,48	53,24	54,07	54,74
$h_{m7} = \dfrac{32,76}{-\,0,14}$	»	48,80	49,17	50,07	50,17	51,08 [50,95]	51,71	52,35	53,14	53,98	54,65
$h_{m8} = \dfrac{37,67}{-\,0,22}$	»	48,80	49,04	50,01	50,03	50,99 [50,86]	51,64	52,26	53,05	53,92	54,56
$h_{m9} = \dfrac{42,56}{-\,0,30}$	»	48,95	50,01	50,88	50,96	50,89 [50,76]	51,51	52,19	52,93	53,74	54,38
$h_{m10} = \dfrac{46,03}{-\,0,35}$ tiefste Deckelstellung	»	49,71	—	—	—	51,72 [50,19]	52,46	52,78	53,27	54,10	53,85

[1] Die [ ] eingeklammerten Werte gelten für Entlastung.

[2] Die erste Zahl ist der Wert in mm der Deckelweganzeige. Die zweite Zahl ist der Wert in mm über oder unter der ebenen Lage des Deckels.

Es sei gestattet, $\dfrac{P}{p}$ als hydraulisches Uebersetzungs-Verhältnis zu bezeichnen, dann ist für die einzelnen Belastungsstufen $n = \dfrac{\varDelta P}{\varDelta p}$. Dieses Verhältnis läßt sich aus den Versuchen für die verschiedenen Fälle ermitteln, wie im weiteren gezeigt werden soll. Der gesetzmäßige Verlauf der Linienzüge innerhalb einer Belastungsreihe ist aus den beiden Abb. 14 und 15 ersichtlich, in denen für alle Versuche einmal bei der höchsten Deckelstellung (für alle Spaltbreiten), das andere Mal bei der Spaltbreite $s = 1,72$ mm (für alle Deckelstellungen), die den verschiedenen Belastungen P entsprechenden Flüssigkeitsdrücke p aufgetragen sind.

7) Beziehungen zwischen n und s bezw. $\dfrac{s}{a}$.

Die Abhängigkeit des Uebersetzungsverhältnisses von der Spaltbreite und dem Verhältnis von Spaltbreite zur Blechstärke zeigt Zahlentafel IV und Abb. 16 für 3 Deckelstellungen, entsprechend der höchsten, der »ebenen« und einer tiefen Lage des Dosenbleches. Die Werte der übrigen Deckelstellungen würden sich zwischen diese Geraden systematisch eingruppieren· Wie aus Abb. 16 ersichtlich, ergeben diese Beziehungen 3 gerade Linien, n wächst mit kleiner werdendem s bezw. $\dfrac{s}{a}$.

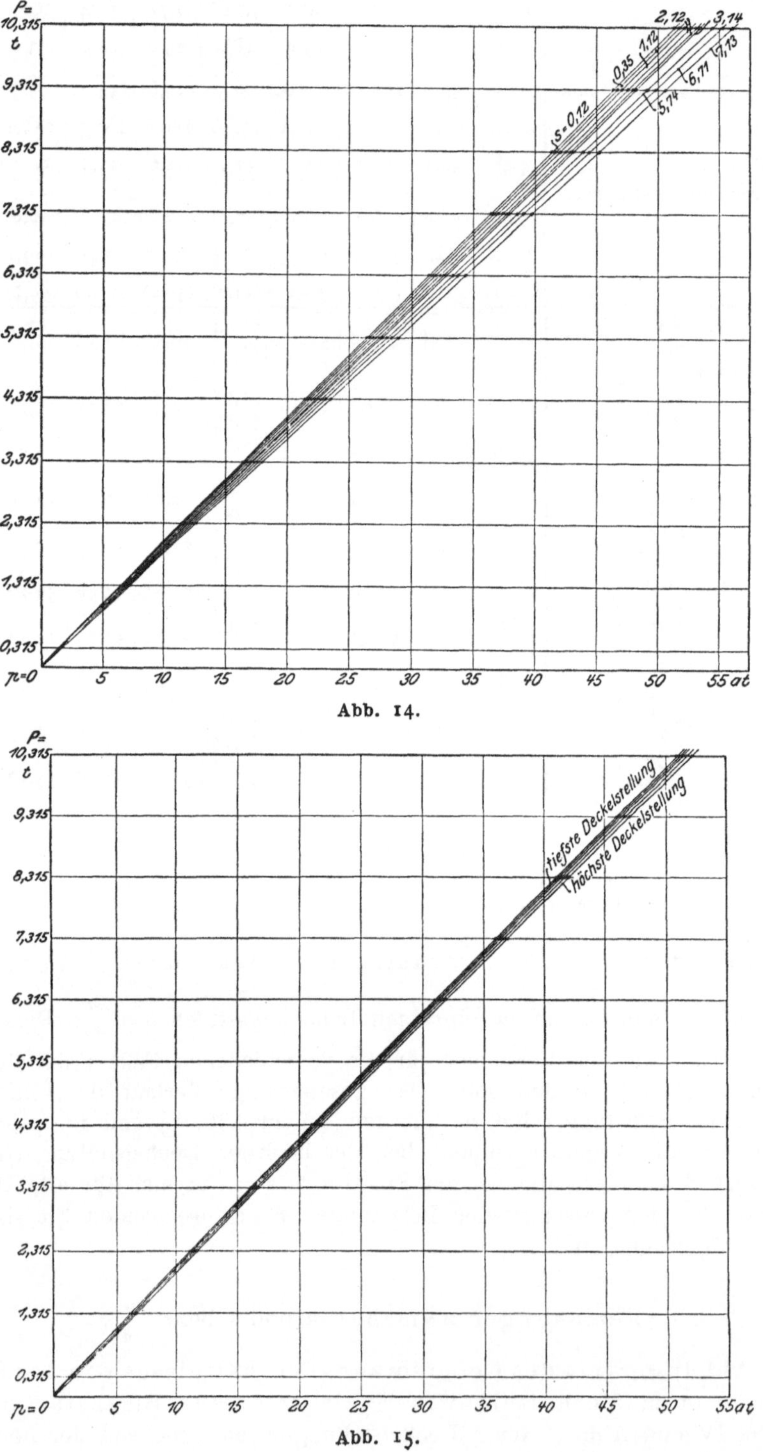

Abb. 14.

Abb. 15.

Zahlentafel IV.
Zusammenstellung zur Bestimmung des hydraulischen Uebersetzungsverhältnisses n für alle Spaltbreiten s.

Spaltbreite s	Verhältnis $\dfrac{s}{a}$	hydraulisches Uebersetzungsverhältnis n bei den übergeschriebenen Deckelstellungen in mm		
mm		+0,32	+0,008	—0,22
1	2	3	4	5
0,35	1,7	(107,9)	206,0	207,2
0,72	3,5	200,0	203,9	206,2
1,72	8,4	197,9	201,6	202,6
2,72	13,4	196,0	199,8	201,7
3,74	18,2	192,4	196,8	198,1
4,72	23,0	191,1	193,8	195,3
5,74	28,0	189,1	191,2	192,8
6,77	33,0	186,8	188,6	189,7
7,73	37,7	184,0	185,6	186,8
8,72	42,6	181,8		

Zahlentafel V.
Zusammenstellung zur Bestimmung des hydraulischen Uebersetzungsverhältnisses n für alle Deckelstellungen h_m.

Deckelstellung h_m	hydraulisches Uebersetzungsverhältnis n bei den überschriebenen Spaltbreiten s		
	0,35	1,72	7,73
1	2	3	4
+0,32	197,9	197,9	184,0
+0,25	199,9	200,1	184,3
+0,17	201,0	201,1	184,9
+0,09	205,6	201,7	185,2
+0,008	206,0	201,7	185,6
—0,07	206,6	201,7	186,1
—0,14	206,9	202,2	186,4
—0,22	207,2	202,6	186,8
—0,30	207,2		187,4

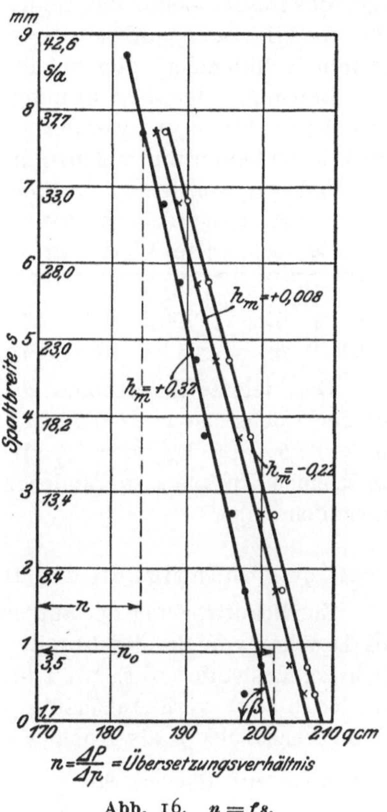

$$n = \frac{\Delta P}{\Delta \pi} = \text{Übersetzungsverhältnis}$$

Abb. 16. $n = f_s$.

Die Gleichung dieser Geraden würde lauten:

$$\operatorname{tg}\beta = m = \frac{\dfrac{\Delta s}{a}}{\Delta n} = \frac{\dfrac{s}{a} - \dfrac{s_0}{a}}{n_0 - n},$$

hierin ist

$$\frac{s_0}{a} = 0;$$

n_0 das hydraulische Uebersetzungsverhältnis bei der Spaltbreite 0.

n_0 entspricht einer Fläche in qcm und hat für die höchste Deckelstellung den aus Abb. 15 entnommenen Wert 201,7. Dieser Wert entspricht aber mit großer Genauigkeit dem gemessenen Wert des Zylinderdurchmessers $d_a = 160,3$ mm.

8) Beziehungen zwischen n und h.

Was die Abhängigkeit des Uebersetzungsverhältnisses n von der Deckelstellung h angeht, so ist diese praktisch insofern von Wichtigkeit, als hierbei die Frage der Verschiebung der Nullpunkteinstellung bei Ablesungen am Manometer mit drehbarer Teilung, wie es schon vorgeschlagen wurde, zu erörtern wäre.

Aus Zahlentafel V ist zwar ersichtlich, daß sich in der Nähe der ebenen Lage des Dosenbleches das Uebersetzungsverhältnis n wenig ändert, im Höchstfalle $^1/_2$ vH, bei Spaltbreite $s = 1{,}72$ mm sogar für ein Deckelspiel von etwa 0,2 mm vollkommen gleichbleibt. Das ist immerhin bemerkenswert und läßt eine Bejahung der Frage unter diesen Bedingungen zu. Für ein größeres Deckelspiel hingegen werden die Unterschiede des Uebersetzungsverhältnisses schon bedeutender und nehmen mit einer ausgesprochenen Neigung des Wachsens mit niedriger werdender Deckelstellung für die Grenzen zwischen $h_m = + 0{,}25$ und $- 0{,}22$ entsprechend etwa 0,47 mm Deckelspiel, die folgenden Differenzwerte Δ_n bei einem Wert von $n = $ rd. 200 cm² an:

s	0,35	0,72	1,72	2,72	3,74	4,72	5,74	6,77	7,73	8,73
Δ_n	7,3	3,8	2,6	4,0	4,5	3,9	3,5	3,0	3,0	2,8

Der kleinste Unterschied $\Delta n = 2{,}6$ bei $s = 1{,}72$ mm würde die Kraftanzeige bei der Höchstlast von 10 t entsprechend einem Flüssigkeitsdruck $p = $ rd. 50 at um $50 \cdot 2{,}6 = 130$ kg oder 1,3 vH verschieden werden lassen. Es wird also nur bei kleinen Nullpunktsveränderungen gegen eine verstellbare Skala nichts einzuwenden sein.

9) Abhängigkeit der Druckanzeige von der Spaltbreite.

Zur Beantwortung der aufgeworfenen Fragen werde ferner die Abhängigkeit des Druckes von der Spaltbreite betrachtet. Dies geschieht am besten bei der höchsten Laststufe (10 t), weil hierbei störende Einflüsse auf die Druckanzeige, wie Reibung, verhältnismäßig kleine Fehler verursachen. In Abb. 17 ist der Flüssigkeitsdruck p als Abhängige der Spaltbreite s und des Verhältnisses von Spaltbreite zur Blechstärke $\frac{s}{a}$ für eine beliebige Deckelstellung ($h_m = + 0{,}008$) und 10 t Belastung aufgetragen (Versuchskurve I).

Das Ansteigen des Druckes trotz gleicher Belastung ist ohne weiteres aus der Verringerung der Deckelfläche mit Vergrößerung des Spaltes erklärlich.

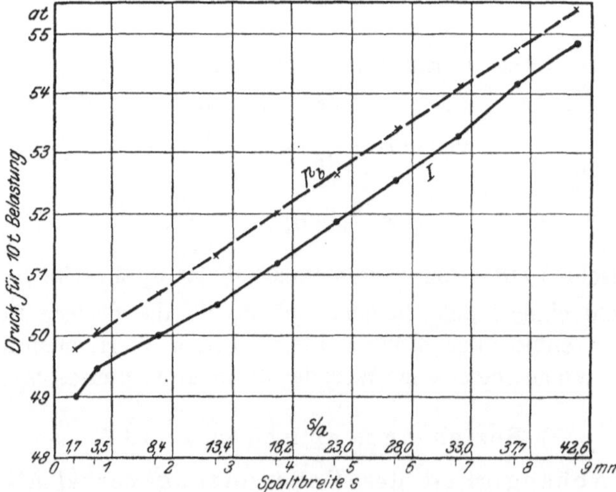

Abb. 17. Flüssigkeitsdruck p als Abhängige der Spaltbreite s bei Deckelstellung $h_m = + 0{,}008$.

Würde der Anteil des Dosenbleches bei der Kraftaufnahme von Anfang an gleichmäßig sein, so könnte man von der kleinsten bis zur größten Spaltbreite linearen Verlauf der Kurve erwarten, entsprechend dem Verlauf der Geraden p_b. (Die Werte wurden aus der Beziehung $p_b = \dfrac{10\,000}{F_b}$ unter der Annahme einer bis zur jeweiligen Mitte des Spaltes reichenden, kreisförmigen Deckelfläche F_b errechnet) (vergl. Zahlentafel III). Der Ordinatenunterschied dieser Geraden gegenüber der Versuchskurve I ergeben unmittelbar die Abweichungen der tatsächlichen Drücke von etwa berechneten.

Trägt man die Beziehungen zwischen p und s für sämtliche Deckelstellungen auf, so erhält man die in Abb. 18 wiedergegebene Kurvenschar.

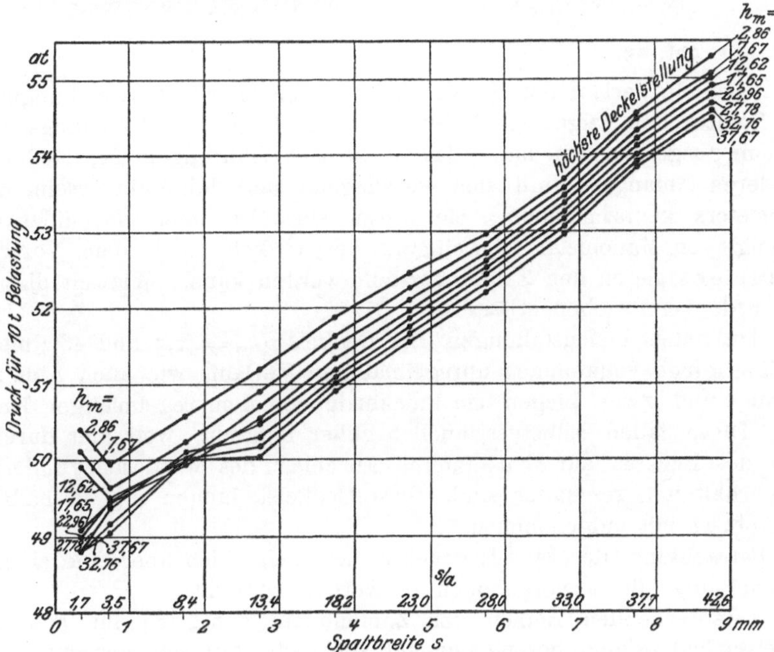

Abb. 18. Flüssigkeitsdruck p als Abhängige der Spaltbreite s bei allen Deckelstellungen.

Abgesehen von der kleinsten Spaltbreite $s = 0{,}35$ mm bei den höchsten Deckelstellungen, $h_m = 2{,}8$, $7{,}7$ und $12{,}6$ mm Deckelweganzeige, wächst der Druck auch hier ständig, von $2{,}7$ mm Spaltbreite an, sogar proportional der Spaltbreite s bezw. dem Verhältnisse $\dfrac{s}{a}$.

Besondere Beachtung verdienen die kleinen Spaltbreiten, entsprechend einem Verhältnis $\dfrac{s}{a}$ von $1{,}7$ bis $13{,}4$. Hier fallen die Kurven bei verschiedenen Deckelstellungen (doch so, daß diese um die ebene Lage der Membrane, $h_m = 22{,}9$ mm Anzeige, herumliegen) sehr nahe aneinander, bei $s = 1{,}72$ mm, entsprechend $\dfrac{s}{a} = 8{,}4$, fast zusammen, so daß also in dieser Spaltbreite die Deckelstellung in gewissen Grenzen nur von geringem Einflusse zu sein scheint.

Die Werte der höchsten Deckelstellungen fallen bei kleinster Spaltbreite ganz aus dem gewöhnlichen Verlauf der Schar heraus. Die Membrane legt sich offenbar in den höchsten Lagen bei kleinstem Spalt nicht überall an den Deckel an, sondern läßt den Rand frei, so daß die wirksame Deckelfläche verhältnismäßig klein ist, vergl. Abb. 19, mithin der in der Flüssigkeit erzeugte Druck groß.

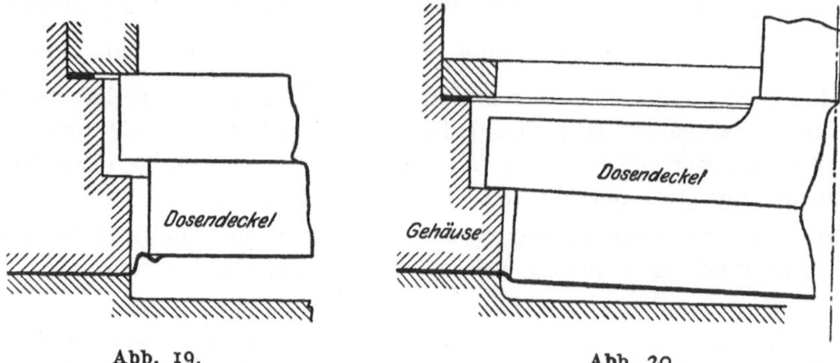

Abb. 19. Abb. 20.

Der parallele Verlauf der Kurven bei verschiedenen Deckelstellungen und größeren Spaltbreiten zeigt, wie Martens im Heft 38 der Forschungsarbeiten S. 40 schon ausgesprochen hat, »daß diese Ueberführungen der Meßdose in einen anderen Anfangszustand sich vorwiegend als Nullpunktverschiebungen des Manometers kennzeichnen.« Sie lassen sich also unter Umständen durch Verwendung von Manometern beseitigen, deren Skala nach dem Vorschlage von A. Martens gegen den Zeiger verstellt werden kann. Wieweit dies möglich ist, wurde bereits oben erläutert.

Die äußersten Tiefenstellungen des Deckels ($h_m = 42,5$ und $46,2$ mm Anzeige) zeigen einen vollkommen unregelmäßigen Verlauf, wie auch Abb. 21 erkennen läßt, und zwar biegen sie knickartig von dem regelmäßigen Kurvenzuge ab. Diese fallen selbstverständlich außer Betracht, weil hier durch das Aufliegen des Deckels auf den unteren Anschlag des Meßdosenzylinders besondere Verhältnisse geschaffen sind. Diese Deckelstellungen sind deshalb auch nicht in Abb. 18 mit aufgenommen.

Bei Betrachtung der Einzelversuchsreihen zeigt sich aber eine eigentümliche Erscheinung, die hervorgehoben zu werden verdient.

Die entsprechenden ·Reihen der Zahlentafeln 1 bis 104 im Teil II der Dissertationsarbeit zeigen übereinstimmend, daß beim Auflegen der ersten Tonne der Zuwachs Δp nicht rd. 5 sondern nur rd. 3 at beträgt, daß also zweifellos ein großer Teil des Gewichts von der Auflage aufgenommen wird und nicht im Manometer zur Anzeige gelangt. Bei Belastung mit der zweiten Tonnenscheibe dagegen wird wahrscheinlich infolge der Durchbiegung des Deckels (übertrieben in Abb. 20 skizziert) die Auflage verringert, denn der Zuwachs des Flüssigkeitsdruckes wird größer. Vielleicht wird der Deckel bei weiterer Belastung von der Auflage ganz abgehoben, indem sich der durchgebogene Deckel auf den Wasserinhalt stützt, so daß dann wieder der volle Druckzuwachs von rd. 5 at aus der Manometeranzeige ersehen werden konnte.

10) **Abhängigkeit der Druckanzeige von der Deckelstellung.**

Zur Beleuchtung der weiteren Frage ist in Abb. 21 aus der Zahlentafel III die Flüssigkeitspressung p als Abhängige von der mittleren Deckelstellung aufgetragen, und zwar aus den vorher angeführten Gründen ebenfalls nur für $P = 10$ t Belastung.

Bei Vernachlässigung der tiefsten Deckelstellung (in Abb. 17 rechts) zeigt der Verlauf der Kurven für die größeren Spaltbreiten, bis etwa $s = 2,7$ mm herab, ein stetes Fallen des Flüssigkeitsdruckes mit niedriger werdender Deckelstellung, zum Teil hervorgerufen durch die kleiner werdenden Vorspan nungen. Der Druckunterschied bei hoher und tiefer Deckelstellung beträgt bei 10 t Belastung für eine der größeren Spaltbreiten schätzungsweise (vergl. Abb. 21) für das ganze Deckelspiel 0,8 at = rd. 1,5 vH des Flüssigkeitsdruckes, dagegen nur 0,5 at = rd. 1 vH, wenn man ein Spiel des Deckels zwischen + 0,17 mm und — 0,22 mm wahrer Deckelstellung annimmt, d. h. etwa 0,4 mm Spiel um die ebene Lage des Dosenbleches herum.

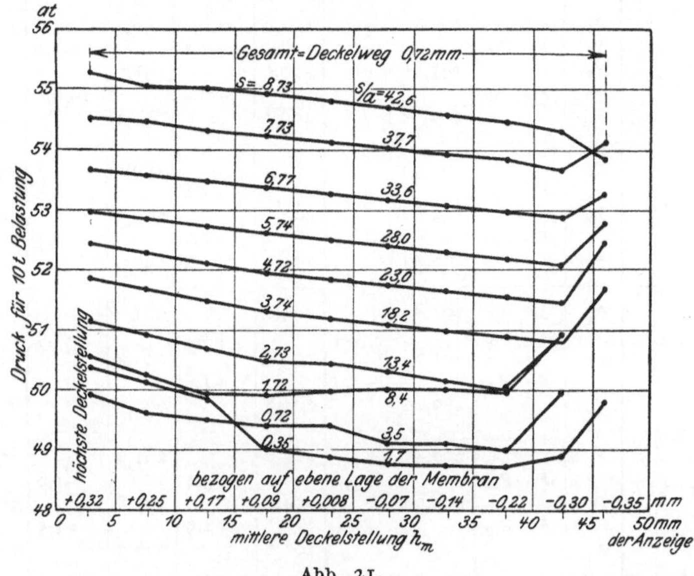

Abb. 21.

Besondere Beachtung hingegen verdienen hier die kleineren Spaltbreiten. In diesen ist eine Lage des Deckelspiels wahrnehmbar, in welcher der Flüssigkeitsdruck fast vollkommen unabhängig von der Deckelstellung ist, er bleibt in weiten Grenzen des Deckelspiels nahezu gleich.

Für Spaltbreite $s = 1,72$ mm $\left(\text{entsprechend } \dfrac{s}{a} = 8,4\right)$ ist diese Erscheinung am deutlichsten ausgeprägt.

Die Kurve nimmt bei dem oben erwähnten Deckelspiel von 0,4 mm einen fast parallelen Verlauf zur Abszissenachse, mithin ist der Flüssigkeitsdruck p nahezu unveränderlich, so daß man diese Spaltbreite ($s = 1,72$ mm) bezw. das Verhältnis der Spaltbreite zur Blechstärke, $\dfrac{s}{a} = 8,4$, als günstig bezeichnen kann.

Für ein Deckelspiel von etwa 0,3 mm erhält man (mit Ausnahme der kleinsten Spaltbreite $s = 0,35$ mm, die sich auch aus anderen Betrachtungen heraus als wenig brauchbar erwies) durchweg Druckunterschiede, die bei allen Spaltbreiten unter 1 vH liegen.

Die folgende Zahlentafel gibt eine Uebersicht über die Druckunterschiede bei 10 t Belastung oberhalb und unterhalb der ebenen Lage des Meßdosenbleches von zusammen rd. 0,3 mm Deckelspiel zwischen $h_m = + 0,17$ und $— 0,15$ wahrer Deckelstellung für sämtliche überschriebenen Spaltbreiten.

s	0,35	0,72	1,72	2,73	3,74	4,72	5,74	6,77	7,73	8,73
$p\,\varDelta$ at	1,2 (0,3)[1]	0,4	0,2	0,3	0,5	0,4	0,4	0,4	0,4	0,45
vH[2]	2,5 (0,6)[1]	0,8	0,4	0,59	0,98	0,90	0,76	0,75	0,74	0,82

[1] zwischen + 0,09 und — 0,22 = 0,34 mm.
[2] bezogen auf den Flüssigkeitsdruck in der ebenen Lage.

Zahlen-

Zusammenstellung der aus den Versuchen berechneten wirksa-

Spaltbreite s . . . . . . mm			0,35		0,72		1,72		2,72	
F_b berechnet aus $\dfrac{d_m^2\,\pi}{4}$			201,0		200,2		197,5		190,2	
$h_{m1} = \dfrac{2,86\,^{1)}}{+0,32}$	F_1	F_1-F_{10}	197,0	−0,9	197,9	−2,2	196,4	−1,2	196,9	+1,5
	F_5	F_5-F_{10}	197,8	−0,1	200,0	−0,1	198,2	−0,6	196,1	+,07
höchste Deckelstellung	F_{10}		197,9		200,1		197,6		195,4	
$h_{m2} = \dfrac{7,67}{+0,25}$	F_1	F_1-F_{10}	200,3	+1,1	202,9	+1,6	199,8	+0,8	198,4	+1,6
	F_5	F_5-F_{10}	199,8	+0,6	202,5	+1,2	200,3	+1,3	198,3	+1,5
	F_{10}		199,2		201,3		199,0		196,8	
$h_{m3} = \dfrac{12,62}{+0,17}$	F_1	F_1-F_{10}	201,8	−0,4	204,0	+2,2	201,0	+0,9	199,2	+1,7
	F_5	F_5-F_{10}	201,2	+1,0	203,4	+1,6	201,5	+1,4	199,3	+1,8
	F_{10}		200,2		201,8		200,1		197,5	
$h_{m4} = \dfrac{17,65}{+0,09}$	F_1	F_1-F_{10}	207,4	+3,7	205,6	+3,4	201,9	+1,6	199,8	−0,1
	F_5	F_5-F_{10}	205,9	+2,2	204,1	+1,9	201,8	+1,5	200,0	+0,1
	F_{10}		203,7		202,2		200,3		199,9	
$h_{m5} = \dfrac{22,96}{+0,008}$	F_1	F_1-F_{10}	207,5	+3,4	205,2	+3,1	200,6	+2,7	199,8	+1,7
	F_5	F_5-F_{10}	206,1	+2,0	204,4	+2,3	201,7	+1,8	200,4	+2,3
	F_{10}		204,1		202,1		199,9		198,1	
$h_{m6} = \dfrac{27,78}{-0,07}$	F_1	F_1-F_{10}	209,2	+4,4	206,3	+3,8	202,6	+3,0	200,8	+2,0
	F_5	F_5-F_{10}	206,5	+1,7	204,8	+2,3	201,8	+2,2	201,1	+2,3
	F_{10}		204,8		202,5		199,6		198,8	
$h_{m7} = \dfrac{32,76}{-0,14}$	F_1	F_1-F_{10}	210,4	+5,5	207,8	+4,4	204,0	+4,3	201,6	+2,3
	F_5	F_5-F_{10}	207,0	+2,1	205,6	+2,2	202,2	+2,5	201,6	+2,3
	F_{10}		204,9		203,4		199,7		199,3	
$h_{m8} = \dfrac{37,67}{-0,22}$	F_1	F_1-F_{10}	210,5	+5,6	209,6	+5,8	205,0	+5,0	202,8	+2,9
	F_5	F_5-F_{10}	207,4	+2,5	206,3	+2,4	202,8	+2,8	202,4	+2,5
	F_{10}		204,9		203,9		200,0		199,9	
$h_{m9} = \dfrac{42,56}{-0,30}$	F_1	F_1-F_{10}	214,5	+10,2	340,0	+60,0	367,8	+71,3	201,0	+ 4,8
	F_5	F_5-F_{10}	206,8	+ 2,5	206,9	+ 6,9	206,3	+ 9,8	210,0	+13,8
	F_{10}		204,3		200,0		196,5		196,2	
$h_{m10} = \dfrac{46,03}{-0,35}$	F_1	F_1-F_{10}	380,1	+179,3	—		—		—	
	F_5	F_5-F_{10}	212,2	+ 11,4	—		—		—	
tiefste Deckelstellung	F_{10}		200,8		—		—		—	

[1]) Die erste Zahl ist der Wert in mm der Deckelweganzeige. Die zweite Zahl ist der

tafel VI.

men Deckelflächen F_1 bei 1 t, F_5 bei 5 t und F_{10} bei 10 t Belastung.

3,74 192,6		4,72 190,2		5,74 187,7		6,77 185,2		7,73 182,9		8,73 180,5	
191,4		190,4		188,3		186,4		183,6		182,4	
	−1,1		o		−0,2		+0,4		+0,4		+1,7
192,6		191,4		189,3		186,9		184,1		181,8	
	+0,1		+1,0		+0,8		+0,9		+0,9		+1,1
192,5		190,4		188,5		186,0		183,2		180,7	
193,5		191,5		190,5		186,9		184,8		182,8	
	+0,1		+0,4		+1,5		+0,6		+1,4		+1,3
194,1		192,0		190,0		187,3		184,5		182,4	
	+0,7		+0,9		+1,0		+1,0		+1,1		+0,9
193,4		191,1		189,0		186,3		183,4		181,5	
195,1		193,1		191,0		188,1		185,4		183,6	
	+1,2		+1,4		+1,6		+1,4		+1,5		+2,0
195,0		192,8		190,4		187,8		185,0		182,7	
	+1,1		+1,1		+1,0		+1,1		+1,1		+1,1
193,9		191,7		189,4		186,7		183,9		181,6	
196,5		193,8		191,6		188,9		186,3		184,0	
	−0,1		+1,6		+1,8		+1,8		+2,1		+2,1
196,0		193,4		190,9		188,1		185,3		183,1	
	+1,4		+1,2		+1,1		+1,0		+1,1		+1,2
194,6		192,2		189,8		187,1		184,2		181,9	
197,8		194,4		192,8		189,3		186,8		184,5	
	+2,7		+1,7		+2,6		+1,8		+2,3		+2,2
196,8		194,0		191,4		188,7		185,6		183,5	
	+1,7		+1,3		+1,2		+1,2		+1,1		+1,2
195,1		192,7		190,2		187,5		184,5		182,3	
198,3		195,5		193,2		190,1		187,1		185,5	
	+2,8		+2,5		+2,7		+2,3		+2,1		+2,8
197,4		194,5		191,8		189,0		186,1		184,0	
	+1,9		+1,5		+1,3		+1,2		+1,1		+1,3
195,5		193,0		190,5		187,8		185,0		182,7	
199,1		195,8		193,5		190,4		187,7		185,6	
	+3,3		+2,4		+2,5		+2,2		+2,4		+2,6
197,8		195,0		192,4		189,6		186,5		184,3	
	+2,0		+1,6		+1,4		+1,4		+1,2		+1,3
195,8		193,4		191,0		188,2		185,3		183,0	
199,6		196,5		194,3		190,7		188,2		186,1	
	+3,5		+2,8		+2,9		+2,2		+2,7		+2,8
198,3		195,4		192,8		189,9		186,8		184,6	
	+2,2		+1,7		+1,4		+1,4		+1,3		+1,3
196,1		193,7		191,4		188,5		185,5		183,3	
200,0		196,6		196,2		191,5		189,5		186,4	
	+3,5		+2,5		+4,6		+2,6		+3,4		+2,5
198,6		195,9		193,5		190,3		187,5		185,2	
	+2,1		+1,8		+1,9		+1,4		+1,4		+1,3
196,5		194,1		191,6		188,9		186,1		183,9	
312,8		305,7		346,6		397,3		319,8		320,1	
	+119,4		+115,1		+157,1		+109,6		+135,0		+134,4
199,1		196,5		200,5		203,7		195,1		197,5	
	+ 5,7		+ 5,9		+ 11,0		+ 16,0		+ 10,3		+ 11,8
193,4		190,6		189,5		187,7		184,8		185,7	

Wert in mm über oder unter der ebenen Lage des Deckels.

11) Betrachtungen über die gesamte wirksame Deckelfläche.

Im allgemeinen ist es gleichgültig, ob man diese Fläche aus dem Quotienten $\frac{P}{p}$ für 1 t, 5 t oder 10 t oder dazwischen liegenden Laststufen und den entsprechenden Flüssigkeitsdrücken bildet.

Zur Untersuchung der tatsächlichen Verhältnisse wurde die Berechnung für diese 3 Belastungsstufen durchgeführt (Zahlentafel VI).

Die verschiedenen Größen der wirksamen Deckelfläche, berechnet aus $\frac{P}{p}$ für 1, 5 und 10 t und den dazu gehörigen Drücken, veranschaulichen die

Abb 22 bis 31. Wirksame Deckelflächen, berechnet für 1, 5 und 10 t Belastung, bei den verschiedenen Spaltbreiten als Abhängige von der Deckelstellung.

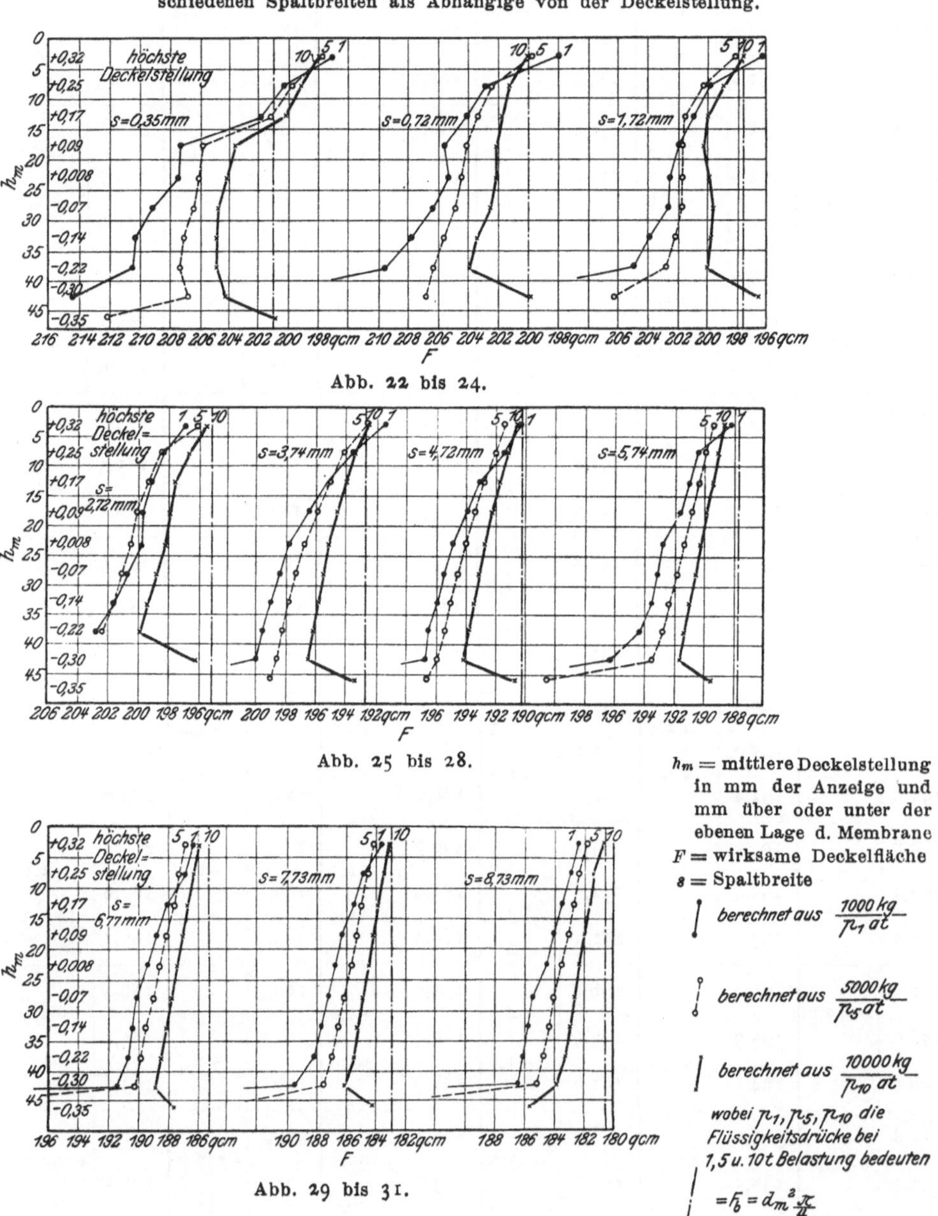

Abb. 22 bis 24.

Abb. 25 bis 28.

Abb. 29 bis 31.

Abb. 22 bis 31, in denen die wirksamen Deckelflächen für die verschiedenen mittleren Deckstellungen h_m bei 10 stets größer werdenden Spaltbreiten aufgetragen sind. In Abb. 32 bis 41, die zugleich der Betrachtung unterzogen werden mögen, sind aus diesen wirksamen, kreisförmig angenommenen Deckelflächen die »wirksamen Durchmesser« berechnet worden und zwischen den zu-

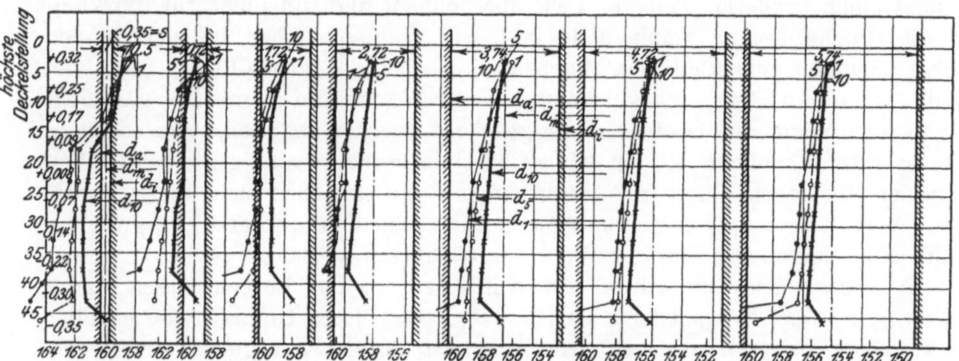

Abb. 32 bis 38. Schaubild 23 bis 32. Durchmesser, entsprechend den wirksamen Deckelflächen, als Abhängige von der Deckelstellung, aufgetragen zwischen dem Spalt, sodaß rechts der Rand des Dosendeckels, links der des Gehäuses gedacht ist.

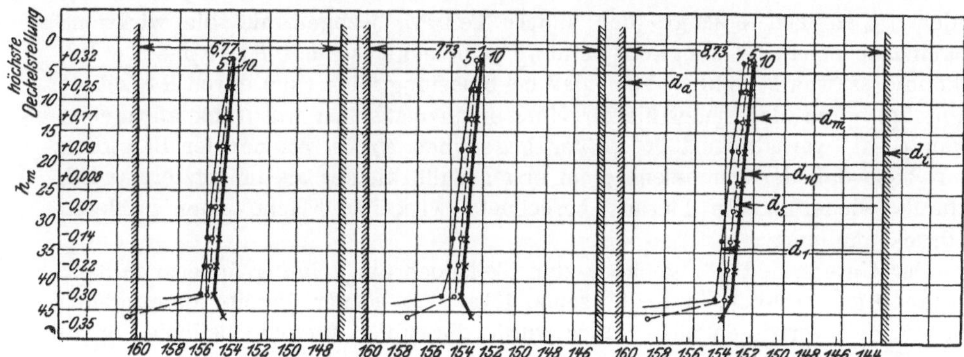

Abb. 39 bis 41. $d_a =$ Zylinderdmr. $= 160{,}33 =$ konst, $d_i =$ Dmr. des Dosendeckels $d_m = \dfrac{d_a + d_i}{2}$

d_1, d_5, $d_{10} =$ Dmr., berechnet bei 1, 5, 10 t Belastung.

gehörigen Spaltbreiten eingezeichnet. Hierbei hat man sich den Dosendeckel rechts und den Dosenkörper links vom Spalt im Bilde vorzustellen, deren Kanten nach dem Spalt zu durch Strichelung angedeutet sind. Die senkrechte, strichpunktierte Gerade in der Mitte des Spaltes entspricht dem mittleren Durchmesser d_m, Abb. 32 u. f., und der hieraus berechneten Fläche F_b, Abb. 22 u. f.

Das Anwachsen der Deckelflächen mit niedriger werdender Deckelstellung Abb. 22 u. f., ist schon in dem vorigen Abschnitt besprochen worden. Es entspricht naturgemäß das Wachsen der Deckelfläche einem Kleinerwerden der Druckanzeige. Die Kurven hier geben eine gute Illustration zu den erwähnten Erörterungen.

Auch die schon besprochenen Nachteile kleiner Spaltbreiten sowie besonders hoher und niedriger Deckelstellungen werden durch den Kurvenlauf bestätigt und mögen hier noch ergänzend erläutert werden.

Bei k l e i n s t e r Spaltbreite nimmt die Kurve für die »wirksamen Durchmesser« in den verschiedenen Deckelstellungen einen eigenartigen Verlauf.

Der Durchmesser ist in den höchsten Deckelstellungen kleiner als der des Deckels, dann scheinbar größer, bis über den Spalt hinausgehend; denn die Kurve reicht für einen großen Teil des Deckelspieles bis in den Dosenkörper hinein (vergl. Abb. 32 u. f.).

Bei kleiner Spaltbreite wird also die Membrane infolge ihrer größeren Steifheit einen größeren Teil der Last übernehmen und ihn nicht zur Wirkung auf die Druckablesung kommen lassen; wir erhalten daher in den meisten Deckelstellungen eine kleine Druckanzeige, aus der eine große Fläche berechnet wurde. In der höchsten Deckelstellung dagegen wird die Membrane gar nicht bis an den Rand des Deckels herangedrückt werden können, wie schon in Abb. 19 veranschaulicht, so daß wir es mit einer verhältnismäßig kleinen Deckelfläche zu tun haben. Erst mit wachsendem Spalt gleichen sich diese ungünstigen Verhältnisse aus, etwa von 1,7 mm Spalt günstiger werdend. In größeren Spaltbreiten zeigen die Kurven einen gesetzmäßigen Verlauf.

Was nun den Unterschied anbetrifft, der aus den Berechnungen von F aus 1 t, 5 t oder 10 t entsteht, so ist die Größe dieser Unterschiede ausführlicher in der Dissertationsarbeit erörtert. Fast durchweg ergeben die Berechnungen aus den kleineren Laststufen größere Werte von F (vergl. Zahlentafel VI).

Wenn man sich die Last P so verteilt denkt, daß ein Teil S eine Spannung in dem Dosenblech erzeugt, der andere Teil P_1, bezogen auf die wirksame Deckelfläche F, eine Flüssigkeitsspannung p erzeugt, so daß $P = Fp + S$ wäre, so könnte es wahrscheinlich sein, daß bei Belastung mit 1 t die durch S erzeugte Spannung, ohne daß man hierfür einen mathematischen Ausdruck anzugeben imstande ist, verhältnismäßig größer gegenüber Fp ist als bei der Belastung mit 10 t, so daß das gemessene p im ersten Falle kleiner als im letzteren wird, wodurch wiederum die hieraus berechnete wirksame Fläche einen größeren Ausdruck annimmt.

Der Unterschied könnte aber zum Teil noch auf Reibungsfehlern im Kontrollstabprüfer beruhen, auf die schon Klein in seiner bereits angezogenen Arbeit S. 44[1]) verwiesen hat. Daher wurde dieser Fall für eine beliebige Spaltbreite ($s = 3{,}74$ mm) nachgerechnet. Es ist

$$F_1 = \frac{P_1}{p_1} = \frac{P_1}{p_1'};\ \ F_{10} = \frac{P_{10}}{p_{10}} = \frac{P_{10}}{p_{10}'},$$

wobei p_1' bezw. p_{10}' (aus Tafel 30 u. f. im Teil II meiner Dissertationsarbeit) in derselben Weise für Entlastung wie die Werte p_1 und p_{10} für Belastung erhalten und in Zahlentafel III[2]) (für p_{10}') mit aufgenommen wurden.

Wäre bei Belastung $\dfrac{P_1}{p_1}$ infolge von Reibung größer als $\dfrac{P_{10}}{p_{10}}$, wodurch p_1 verhältnismäßig klein erhalten wäre, so müßte bei Entlastung $\dfrac{P_1}{p_1'} < \dfrac{P_{10}}{p_{10}'}$, ausfallen, weil p_1' verhältnismäßig größer als p_{10}' sein müßte. Dies ist aber für den untersuchten Fall nicht eingetroffen, vielmehr weichen die Drücke p_1' nur um ein Geringes von p_1 ab, sind aber eher etwas kleiner als größer. Aber auch für 10 t Last weisen die gemessenen Flüssigkeitsdrücke bei Entlastung p_{10}' etwas kleinere Werte auf als bei Belastung p_{10}. Diese kleinen Beträge sind aber eher auf Nachwirkungserscheinungen bei der Eichung und dadurch hervorgerufene kleine Unstimmigkeiten zurückzuführen.

---

[1]) G. Klein, Untersuchung und Kritik von Hochdruckmessern, Dissertationsarbeit, Berlin 1909.
[2]) Die Werte für p_1' sind der Zahlentafel VII meiner Dissertationsarbeit entnommen.

Zahlentafel VII.
Versuchsreihen Nr. 122 bis 124e, Zahlentafel Nr. 42 und 43.

Spaltbreite: $s = 3{,}47$ mm, Blechstärke: $a = 0{,}205$ mm, $\frac{s}{a} = 18{,}2$, mittlere

Deckelstellung: $h_m = +0{,}17$ mm (bezogen auf ebene Lage des Deckelbleches).

Versuchsreihe	122	123	124	Mittel	mittl. Deckelstellung		
					$(x+y):2$	$(x+y):2-x_a$	
Deckelstellung in Einheiten der Anzeigevorrichtung für 0,315 t	17,97	17,97	17,97	$x = 17{,}97$	20,92	12,51	Tafel Nr. 42
10,315 t	23,87	23,87	23,87	$y = 23{,}87$			

D r u c k a n z e i g e

Belastung am Kontrollstabprüfer in t P	Ablesung am Spiegelmanometer in $^1/_{5500}$ mm l	Zuwachs Δl	Ablesung am Spiegelmanometer in $^1/_{5500}$ mm l	Zuwachs Δl	Ablesung am Spiegelmanometer in $^1/_{5500}$ mm l	Zuwachs Δl	Mittel aus Spalte 1, 3 und 5 l_m	Flüssigkeitsdruck in at p	Zuwachs in at Δp	Abweichung vom Mittel $\frac{\Delta p}{\Delta p}$ $\pm \Delta p$	Bemerkungen
Spalte	1	2	3	4	5	6	7	8	9	10	11
0,315	104		107		108		106,3	1,168			
1,315	570	466	572	465	572	464	571,3	6,293	5,125	0,033	
2,315	1028	458	1029	457	1030	458	1029	11,401	5,108	—0,050	
3,315	1480	452	1481	452	1482	452	1481	16,520	5,119	—0,039	
4,315	1928	448	1929	448	1930	448	1929	21,665	5,145	—0,013	
5,315	2372	444	2373	444	2374	444	2373	26,804	5,139	—0,019	
6,315	2815	443	2817	444	2818	444	2816,7	31,962	5,158	--	
7,315	3258	443	3260	443	3261	443	3259,7	37,133	5,171	+0,013	
8,315	3701	443	3703	443	3704	443	3702,7	42,313	5,180	0,022	
9,315	4147	446	4149	446	4150	446	4148,7	47,527	5,214	0,056	
10,315	4597	450	4598	449	4598	448	4597,7	52,749	5,222	0,064	

Mittel $\Delta p = 5{,}158$ | 0,309 | $= \Sigma \pm \Delta p$

E n t l a s t u n g.

Spaltbreite: $s = 3{,}74$ mm, Blechstärke: $a = 0{,}205$ mm, $\frac{s}{a} = 18{,}2$, mittlere

Deckelstellung: $h_m = +0{,}17$ mm (bezogen auf ebene Lage des Deckelbleches.

Versuchsreihe	122 e	123 e	124 e	Mittel	mittl. Deckelstellung		
					$(x+y):2$	$(x+y):2-x_a$	
Deckelstellung in Einheiten der Anzeigevorrichtung für 0,315 t	22,87	2387	23,87	$x = 23{,}87$	20,92	12,50	Tafel Nr. 43
10,315 t	17,97	17,97	17,97	$y = 17{,}97$			

D r u c k a n z e i g e

Belastung am Kontrollstabprüfer in t P	Ablesung am Spiegelmanometer in $^1/_{5500}$ mm l	Zuwachs Δl	Ablesung am Spiegelmanometer in $^1/_{5500}$ mm l	Zuwachs Δl	Ablesung am Spiegelmanometer in $^1/_{5500}$ mm l	Zuwachs Δl	Mittel aus Spalte 1, 3 und 5 l_m	Flüssigkeitsdruck in at p	Zuwachs in at Δp	Abweichung vom Mittel $\frac{\Delta p}{\Delta p}$ $\pm \Delta p$	Bemerkungen
Spalte	1	2	3	4	5	6	7	8	9	10	11
10,315	4598		4599		4599		4598,7	52,635			
9,315	4160	438	4161	438	4161	438	4160,7	47,498	5,137	—0,008	
8,315	3720	439	3722	439	3722	439	3721,7	42,313	5,185	+0,040	
7,315	3282	439	3282	440	3282	440	3282	37,135	5,178	+0,033	
6,315	2842	440	2842	440	2842	440	2842	31,973	5,162	+0,017	
5,315	2400	442	2401	441	2401	441	2400,7	26,826	5,147	+0,002	
4,315	1956	444	1956	445	1957	444	1956,3	21,689	5,137	—0,008	
3,315	1597	449	1507	449	1508	449	1507,3	16,554	5,135	—0,010	
2,312	1050	457	1051	456	1052	456	1051	11,427	5,127	—0,018	
1,315	589	463	587	464	588	464	587,3	6,317	5,110	—0,035	
0,315	111	476	111	476	112	476	111,3	1,189	5,128	—0,017	

Mittel $\Delta p = 5{,}145$ | 0,188 | $= \Sigma \pm \Delta p$

Zahlentafel VIII.

Häufigkeit der Ablesungsunterschiede $\Delta_m = 0$ und $\Delta_m = 1$ für die verschiedenen Verhältnisse $\frac{s}{a}$ bei Belastungen von 1, 2, 3 usw. t für alle 10 Deckelstellungen [1]).

$P=$	1	2	3	4	5	6	7	8	9	10 t	Summe für $\Delta_m=0$	Summe für $\Delta_m=1$	gesamt	
$\frac{s}{a} = 1,7$	3	2	1	4	1	2	3	3	1	2	22		60	$\Delta_m=0$
	2	1	6	3	5	6	7	3	3	2		38		$\Delta_m=1$
$= 3,5$	1	1	0	0	1	3	2	1	4	1	17		64	»
	3	6	4	7	7	4	5	6	3	5		50		
$= 8,4$	1	1	3	2	1	1	1	2	4	3	19		58	»
	3	5	1	5	6	4	6	6	2	1		39		
$= 13,4$	1	1	2	2	0	2	2	6	3	1	20		49	»
	3	2	3	4	3	4	3	1	3	3		29		
$= 18,2$	1	3	1	4	3	1	4	4	2	0	23		67	»
	4	7	7	4	3	7	3	3	1	4		44		
$= 23,0$	2	0	2	4	3	3	2	2	1	3	22		61	»
	3	3	4	2	5	4	3	4	7	4		39		
$= 28,0$	3	2	0	1	2	3	3	3	4	2	23		68	»
	4	4	6	4	4	3	5	5	4	6		45		
$= 33,0$	3	1	2	2	4	1	1	0	1	0	15		54	»
	3	2	2	3	6	5	3	5	4	6		39		
$= 37,7$	1	1	1	3	3	3	2	2	3	3	22		69	»
	5	6	7	4	5	3	4	6	5	2		47		
$= 42,6$	1	0	3	0	1	2	3	5	1	1	17		56	»
	5	3	3	3	4	2	5	3	7	4		39		
Summe für $\Delta_m=0$	17	12	15	22	19	21	23	28	24	16	197		606	»
Summe für $\Delta_m=1$	35	39	43	39	48	42	44	43	39	37		409		
gesamt	52	51	58	61	67	63	67	71	63	53	606			

Zahlentafel IX.

Häufigkeit der Ablesungsunterschiede $\Delta_m = 0$ und $\Delta_m = 1$ für die verschiedenen Deckelstellungen bei Belastungen von 1, 2, 3 usw. t für alle 10 Spaltbreiten [2]).

$P=$	1	2	3	4	5	6	7	8	9	10 t	Summe für $\Delta_m=0$	Summe für $\Delta_m=1$	gesamt
$h_m = +0,32$ mm	1	1	0	3	1	3	4	3	2	1	19		56
	4	4	6	3	2	2	3	7	3	3		37	
$= +0,25$ »	2	0	3	2	2	3	2	2	4	2	22		60
	1	4	3	4	6	3	4	6	3	4		38	
$= +0,17$ »	3	0	4	3	4	2	1	2	5	1	25		63
	1	5	1	5	3	6	6	4	3	4		38	
$= +0,09$ »	2	2	1	2	2	3	4	3	3	4	26		69
	6	4	5	3	6	4	4	5	2	4		43	
$= +0,008$ »	3	1	1	3	2	3	2	2	2	3	22		71
	4	7	7	4	5	6	5	3	4	4		49	
$= -0,07$ »	1	2	4	5	1	2	3	4	0	1	23		68
	6	3	5	2	9	3	3	1	9	4		45	
$= -0,14$ »	0	3	0	1	2	1	2	5	2	2	18		72
	3	4	6	7	4	7	7	5	5	6		54	
$= -0,22$ »	3	3	1	0	2	2	2	3	5	1	23		67
	4	4	4	7	6	4	4	6	2	4		45	
$= -0,30$ »	2	0	0	2	1	2	2	3	1	1	14		51
	4	3	4	3	5	2	5	3	5	3		37	
$= -0,35$ »	0	0	1	1	2	0	1	1	0	0	6		29
	2	1	2	1	2	5	3	3	3	1		23	
Summe für $\Delta_m=0$	17	12	15	22	19	21	23	28	24	16	197		606
Summe für $\Delta_m=1$	35	39	43	39	48	42	44	43	39	37		409	
gesamt	52	51	58	61	67	63	67	71	63	53	606		

[1]) Ein Quadrat entspricht der Summe aus 10 Deckelstellungen.

[2]) Ein Quadrat entspricht der Summe aus 10 Spaltbreiten, für $h_m = -0,35$ nur aus 8 Spaltbreiten.

Zahlentafel X.

Häufigkeit der Ablesungsunterschiede $\Delta_m = 0$ und $\Delta_m = 1$ für die verschiedenen Deckelstellungen bei je einem $\frac{s}{a}$ für alle Belastungsstufen zusammen.

In each cell the upper number is the count for $\Delta_m = 0$, the lower number the count for $\Delta_m = 1$.

$\frac{s}{a} =$	1,7	3,5	8,4	13,4	18,2	23,0	28,0	33,0	37,7	42,6	Summe für $\Delta_m =$ 0 / 1	gesamt
$h_m = +0{,}32$ mm	3 / 3	1 / 8	3 / 3	3 / 3	0 / 2	2 / 5	3 / 4	3 / 1	0 / 4	1 / 4	19 / 37	56
$= +0{,}25$ »	1 / 2	3 / 5	6 / 2	1 / 1	1 / 6	1 / 3	5 / 3	1 / 5	3 / 6	0 / 5	22 / 38	60
$= +0{,}17$ »	0 / 3	1 / 6	2 / 7	4 / 1	6 / 2	3 / 2	2 / 6	2 / 4	3 / 3	2 / 4	25 / 38	63
$= +0{,}09$ »	2 / 2	0 / 5	2 / 7	[7 / 3]	3 / 4	2 / 5	2 / 5	2 / 4	4 / 4	2 / 4	26 / 43	69
$= +0{,}008$ »	2 / 4	4 / 5	1 / 6	2 / 5	2 / 3	[4 / 6]	2 / 6	1 / 5	1 / 6	3 / 3	22 / 49	71
$= -0{,}07$ »	[4 / 6]	1 / 6	2 / 3	1 / 5	1 / 6	2 / 3	1 / 6	4 / 2	3 / 5	4 / 3	23 / 45	68
$= -0{,}14$ »	3 / 5	1 / 7	1 / 2	1 / 5	2 / 6	2 / 6	3 / 3	1 / 7	[4 / 6]	0 / 7	18 / 54	72
$= -0{,}22$ »	[5 / 5]	2 / 5	1 / 5	1 / 5	[3 / 7]	5 / 3	4 / 4	0 / 3	1 / 3	0 / 5	22 / 45	67
$= -0{,}30$ »	2 / 6	1 / 3	1 / 4	0 / 1	3 / 4	1 / 3	1 / 6	0 / 5	3 / 4	2 / 1	14 / 37	51
$= -0{,}35$ »	0 / 2	— / —	— / —	0 / 0	2 / 4	0 / 3	0 / 2	1 / 3	0 / 6	3 / 3	6 / 23	29
Summe für $\Delta_m = 0$	22	14	19	20	23	22	23	15	22	17	197	606
Summe für $\Delta_m = 1$	38	50	39	29	44	39	45	39	47	39	409	
gesamt	60	64	58	49	67	61	68	54	69	56	606	

[1]) Ein Quadrat entspricht der Summe aus 10 Belastungsstufen.

12) Zuverlässigkeitsgrad des Meßverfahrens.

Da im allgemeinen durch die Meßdose nur Kräfte P am Federmanometer angezeigt werden, so käme es auf die Kenntnis der Flächengröße des Deckels oder des Flüssigkeitsdruckes p gar nicht an. Hierfür genügte eine empirische Eichung, welche die Beziehung zwischen den Kräften P und der Manometeranzeige A klarlegt; allerdings unter der Voraussetzung, daß die Empfindlichkeit und die Zuverlässigkeit des Meßverfahrens sehr gut ist.

Auch hierzu liefert das vorhandene Zahlenmaterial, das in der Dissertationsarbeit nur zu einem begrenzten Teil ausgewertet werden konnte, gute Unterlagen. Deswegen möge hier noch dieser Gedanke unter Zugrundelegung einer Durcharbeit, die mir Hr. Geheimrat Martens freudlichst zur Verfügung gestellt hat, gestreift werden.

Mit welchem großen Sicherheitsgrad bei Benutzung des hier angewendeten Meßverfahrens mittels Spiegelmanometers gerechnet werden kann, ist aus den folgenden Zahlentafeln deutlich zu ersehen.

Zahlentafel VII gibt als Beispiel eine beliebige Zahlentafel aus den Originalversuchszahlentafeln der Dissertationsarbeit wieder, und zwar Belastungs- und Entlastungsversuch für 3,74 mm Spaltbreite und $+0{,}17$ mm Deckelstellung über der »ebenen Lage« des Dosenbleches.

Aus allen Zusammenstellungen dieser Art ist die Häufigkeit der gleichen oder fast gleichen Ablesungsunterschiede (Zuwachs Δl) der 3 Parallelversuche gezählt und in den Zahlentafeln VIII bis X zusammengestellt. Es bedeutet also $\varDelta_m = 0$, daß der Zuwachs $\varDelta l$ bei allen 3 Parallelversuchen für eine bestimmte Belastung, Deckelstellung und Spaltbreite gleich ist, $\varDelta_m = 1$, daß zwei Werte gleich sind, und der dritte $\varDelta l$-Wert nur um eine Ablesungseinheit ($^1/_{5500}$ mm) abweicht.

In Zahlentafel VIII sind die Häufigkeitswerte aus allen Deckelstellungen zusammen für die einzelnen Belastungsstufen eingetragen, geordnet nach dem Verhältnis $\frac{s}{a}$, in Zahlentafel IX aus allen Spaltbreiten zusammen, geordnet nach den Deckelstellungen.

Zahlentafel X zeigt uns die Häufigkeitswerte aus allen Belastungsstufen für die einzelnen Werte $\frac{s}{a}$, ebenfalls geordnet nach den Deckelstellungen.

Betrachtet man nur die vollständig gleichen Parallelwerte, also $\varDelta_m = 0$, so ersieht man daraus schon eine große Zuverlässigkeit des Meßverfahrens. Ohne Rücksicht auf Belastung, Deckelstellung oder Spaltbreite sind bei 100 Parallel-versuchsablesungen durchschnittlich rd. 20 vollkommen gleich. Selbstverständlich gehört auch bei diesen Feinmessungen außer den allgemein als bekannt vorauszusetzenden Bedingungen viel Uebung hinzu, um zu solchen Ergebnissen zu kommen. Und es ist der Unterschied einer Meßeinheit, $\varDelta_m = 1$, ein so geringer Fehler, daß er zur Beurteilung der Zuverlässigkeit des Meßverfahrens unbedenklich hinzugenommen werden kann.

Betrachtet man die Häufigkeitswerte unter Hinzunahme von $\varDelta_m = 1$, so wächst der Genauigkeitsgrad beträchtlich. Es sind nämlich, allgemein betrachtet, unter 100 Ablesungen im Vergleich mit den Parallelversuchen durchschnittlich 60 gleich oder fast gleich. Häufig weisen sogar unter 10 Versuchen alle 10 Ablesungen keinen größeren Unterschied als $\varDelta_m = 1$ (die Zahlen sind in den Zahlentafeln besonders durch Einrahmung kenntlich gemacht); doch ist es wohl mehr ein zufälliges Zusammentreffen, ohne daß daraus eine bestimmte Bedeutung in bezug auf Spaltbreite oder Deckelstellung abzuleiten wäre.

Dagegen ist, im einzelnen betrachtet, die Zahlentafel X bemerkenswert. Hier finden wir in den Deckelstellungen, die um die »ebene Lage« des Dosen-bleches herumliegen, also etwa zwischen $h_m = + 0{,}09$ bis $h_m = - 0{,}14$ mm, daß die-Häufigkeitswerte bis 70 vH (für Unterschiede bis zu einer Einheit) steigen, während in den höchsten und tiefsten Deckelstellungen die Werte zum Teil viel tiefer liegen. Dieser Umstand dürfte darauf hindeuten, daß die Lage, in der das Meßdosenblech eben liegt, also weder nach oben noch nach unten merklich ausgebeult ist, für die Messung die günstigste ist.

Eine ähnliche Vergrößerung der Häufigkeitswerte auf fast 70 vH haben wir bei Betrachtung der einzelnen Belastungsstufen (Zahlentafel VIII und IX), etwa von 5 t bis 9 t. Doch dürfte hierfür wohl eine Erklärung darin zu finden sein, daß der Ausführende die Einstellung der hydraulischen Belastung (Betätigung der Ventile) und Ablesung allein ausübte, so daß dadurch eine gewisse Unruhe bei den ersten und der letzten Ablesung (vor Abstellen der Ventile) in diesen Zahlen bemerkbar wird.

IV. Zusammenfassung.

Eine Zusammenfassung der Versuchsergebnisse würde zu folgenden Sätzen führen:

1) Das Vorhandensein von Luft in der Meßdosenfüllung verursacht innerhalb einer Belastungsreihe Veränderungen der Deckelstellungen, deren Einfluß nach der Größe der Luftmenge zu beachten ist.

2) Der Einfluß der Deckelstellung kennzeichnet sich mit Ausnahme kleinster Spaltbreiten als Nullpunktverschiebungen. Tiefste Deckelstellungen ergeben selbstverständlich unzuverlässige Wertangaben, da der Dosendeckel aufsitzt.

3) Bei kleinem Spalt, etwa $s = 1{,}72$ mm, entsprechend $\frac{s}{a} = 8{,}4$, sind die Deckelstellungen mit Ausnahme der höchsten Stellung ohne großen Einfluß auf die Kraftanzeige.

4) Bei den größeren Spaltbreiten, von $s = 2{,}7$ mm $\left(\frac{s}{a} = 13{,}4\right)$ an, fallen die Druckanzeigen fast proportional den Deckelstellungen, mithin wachsen die wirksamen Deckelflächen ebenfalls proportional.

Die Unterschiede dieser Druckangaben für ein Deckelspiel von etwa $0{,}35$ mm um die ebene Lage des Dosenbleches herum bleiben bei allen Spaltbreiten unter 1 vH (ausgenommen Spalt $s = 0{,}35$ mm).

5) Das hydraulische Uebersetzungsverhältnis bleibt für ein Deckelspiel von $0{,}2$ mm in der Mittellage, also etwa $^1/_3$ des ganzen Weges, fast unverändert bei allen Spaltbreiten.

Bei größerem Deckelspiel wächst es mit niedriger werdender Deckelstellung.

6) In bezug auf die Spaltbreite s bezw. $\frac{s}{a}$, Verhältnis der Spaltbreite zur Blechstärke, wachsen die Druckanzeigen bei allen Deckelstellungen etwa proportional von $s = 3{,}7$ mm bezw. $\frac{s}{a} = 18{,}2$ an.

7) Zwischen dem hydraulischen Uebersetzungsverhältnis n und dem Verhältnis der Spaltbreite zur Dosenblechstärke $\frac{s}{a}$ besteht lineare Abhängigkeit. n wächst geradlinig mit kleiner werdendem $\frac{s}{a}$ mit Ausnahme sehr kleiner Spaltbreiten.

8) Die Zuverlässigkeit des Meßverfahrens ist sehr groß.

Sonderabdrücke

aus der Zeitschrift des Vereines deutscher Ingenieure,

die in folgende Fachgebiete eingeordnet sind:

1. Bagger.
2. Bergbau (einschl. Förderung und Wasserhaltung).
3. Brücken- und Eisenbau (einschl. Behälter).
4. Dampfkessel (einschl. Feuerungen, Schornsteine, Vorwärmer, Überhitzer).
5. Dampfmaschinen (einschl. Abwärmekraftmaschinen, Lokomobilen).
6. Dampfturbinen.
7. Eisenbahnbetriebsmittel.
8. Eisenbahnen (einschl. Elektrische Bahnen).
9. Eisenhüttenwesen (einschl. Gießerei).
10. Elektrische Krafterzeugung und -verteilung.
11. Elektrotechnik (Theorie, Motoren usw.).
12. Fabrikanlagen und Werkstatteinrichtungen.
13. Faserstoffindustrie.
14. Gebläse (einschl. Kompressoren, Ventilatoren).
15. Gesundheitsingenieurwesen (Heizung, Lüftung, Beleuchtung, Wasserversorgung und Abwässerung).
16. Hebezeuge (einschl. Aufzüge).
17. Kondensations- und Kühlanlagen.
18. Kraftwagen und Kraftboote.
19. Lager- und Ladevorrichtungen (einschl. Bagger).
20. Luftschiffahrt.
21. Maschinenteile.
22. Materialkunde.
23. Mechanik.
24. Metall- und Holzbearbeitung (Werkzeugmaschinen).
25. Pumpen (einschl. Feuerspritzen und Strahlapparate).
26. Schiffs- und Seewesen.
27. Verbrennungskraftmaschinen (einschl. Generatoren).
28. Wasserkraftmaschinen.
29. Wasserbau (einschl. Eisbrecher).
30. Meßgeräte.

Einzelbestellungen auf diese Sonderabdrücke werden **gegen Voreinsendung** des in der Zeitschrift als Fußnote zur Überschrift des betr. Aufsatzes bekannt gegebenen Betrages ausgeführt.

Vorausbestellungen auf sämtliche Sonderabdrücke der vom Besteller ausgewählten Fachgebiete können in der Weise geschehen, daß ein Betrag von etwa 5 bis 10 M eingesandt wird, bis zu dessen Erschöpfung die in Frage kommenden Aufsätze regelmäßig geliefert werden.

Zeitschriftenschau.

Vierteljahrsausgabe der in der Zeitschrift des Vereines deutscher Ingenieure erschienenen Veröffentlichungen 1898 bis 1910.
Preis bei portofreier Lieferung für den Jahrgang
3,— $\mathcal{M}$ für Mitglieder.   10,— $\mathcal{M}$ für Nichtmitglieder.

Seit Anfang 1911 werden von der Zeitschriftenschau der einzelnen Hefte **einseitig** bedruckte gummierte Abzüge angefertigt.
Der Jahrgang kostet
2,— $\mathcal{M}$ für Mitglieder.   4,— $\mathcal{M}$ für Nichtmitglieder.
Portozuschlag für Lieferung nach dem Ausland 50 Pfg für den Jahrgang. Bestellungen, die nur gegen vorherige Einsendung des Betrages ausgeführt werden, sind an die **Redaktion der Zeitschrift des Vereines deutscher Ingenieure, Berlin NW., Charlottenstraße 43** zu richten.

Mitgliederverzeichnis d. Vereines deutscher Ingenieure.

Preis 3,50 $\mathcal{M}$. Das Verzeichnis enthält die Adressen sämtlicher Mitglieder **sowie** ausführliche Angaben über die Arbeiten des Vereines.

Bezugsquellen.

Zusammengestellt aus dem Anzeigenteil der Zeitschrift des Vereines deutscher Ingenieure. Das Verzeichnis erscheint zweimal jährlich in einer Auflage von 35 bis 40000 Stück. Es enthält in deutsch, englisch, französisch, italienisch, spanisch und russisch ein alphabetisches und ein nach Fachgruppen geordnetes Adressenverzeichnis.
Das Bezugsquellenverzeichnis wird auf Wunsch kostenlos abgegeben.